"十三五"职业教育规划教材

高等数学（上册）

何闰丰　陈　溥◎主　编

程　晨　徐　珍　秦立春　吴　昊　覃雄燕◎副主编

中国铁道出版社有限公司
CHINA RAILWAY PUBLISHING HOUSE CO., LTD.

内 容 简 介

本套教材根据教育部颁布的《高职高专教育高等数学课程教学基本要求》和《高职高专教育专业人才培养目标及规格》,针对高技能应用型人才培养目标编写而成。

本套教材分上、下两册,本书是上册。内容包含:函数、极限和连续,导数与微分,导数的应用,不定积分与定积分,附录中提供了数学软件 MATLAB 基础、常用初等数学公式及专业基础课需要的复数内容,并给出了部分习题参考答案。每章最后一节是利用数学软件 MATLAB 求解相关数学问题的内容,可根据实际教学情况选学。每章小结提供了学习要求和方法。

本教材适合高职高专各专业教学使用,也可作为成人高校高等数学课程的教材。

图书在版编目(CIP)数据

高等数学. 上册 / 何闰丰,陈溥主编. —3 版. —北京:
中国铁道出版社有限公司,2020.9
"十三五"职业教育规划教材
ISBN 978-7-113-27272-2

Ⅰ.①高… Ⅱ.①何… ②陈… Ⅲ.①高等数学-高等
职业教育-教材 Ⅳ.①O13

中国版本图书馆 CIP 数据核字(2020)第 174308 号

书　　名:**高等数学(上册)**	
作　　者:何闰丰　陈　溥	
策　　划:王春霞	编辑部电话:(010)63551006
责任编辑:王春霞　包　宁	
封面设计:刘　颖	
责任校对:张玉华	
责任印制:樊启鹏	

出版发行:中国铁道出版社有限公司(100054,北京市西城区右安门西街 8 号)
网　　址:http://www.tdpress.com/51eds/
印　　刷:北京铭成印刷有限公司
版　　次:2012 年 8 月第 1 版　2020 年 9 月第 3 版　2020 年 9 月第 1 次印刷
开　　本:787 mm×1 092 mm 1/16　印张:11　字数:232 千
书　　号:ISBN 978-7-113-27272-2
定　　价:32.00 元

版权所有　侵权必究

凡购买铁道版图书,如有印制质量问题,请与本社教材图书营销部联系调换。电话:(010)63550836
打击盗版举报电话:(010)63549461

第三版前言

本套教材分上、下两册,以 2016 年出版的《高等数学》(上册)为基础进行修订。本次教材修订突出以下特点:

(1)精选教学内容。坚持"以应用为目的,以必需够用为度"的原则,精心整合教学内容。

(2)重视直观性、形象性教学原则,淡化理论证明,强化直观图文,借助几何直观、物理意义和源于生活生产的实际例子解释抽象的概念、定理及重要结论,增强可读性。

(3)注重知识的横向联系,紧扣教学知识点精心设计与之匹配的例题、习题。

(4)服务专业应用,帮助学生有效地把数学知识转化为专业工具,牢固树立为专业服务的理念。

(5)贯穿建模思想,将数学建模思想与教材深度融合。

(6)坚持"为专业教学做工具,为终身学习打基础"的编写原则。

通过教学实践我们总结了 2016 版《高等数学》(上册)的不足,对习题和例题做出了调整,对其中与电类专业相去甚远的数学理论和内容进行了删减,力求对电类专业更具针对性,注重应用。进一步优化 MATLAB 的内容,丰富其中的相关例题与习题。

本书由柳州铁道职业技术学院何闰丰、陈溥任主编,程晨、徐珍、秦立春、吴昊、覃雄燕任副主编。其中,何闰丰、程晨、吴昊负责第一、二、三章数学内容的编写,陈溥、徐珍、秦立春负责第四、五章数学内容的编写,陈溥负责各章软件部分的编写,覃雄燕负责校验习题及参考答案,全书由何闰丰统稿、定稿。参与编写的人员还有柳州铁道职业技术学院数学教研室的罗柳容、倪艳华、石秋宁、张琪等。

本教材在编写过程中,得到了中国铁道出版社有限公司编辑的鼎力支持,在此一并表示感谢。

由于编者水平有限,书中不足之处在所难免,敬请广大读者批评指正。

编 者

2020 年 6 月

第二版前言

本书在 2012 年出版的《高等数学（上册）》基础上修订而成。本次教材修订时贯彻了以下思想：

（1）为专业教学做工具，为学生终身学习打基础，注重数学思想及学习方法的提炼；

（2）以应用为目的，以必需、够用为度，降低难度，要求理解基本概念、掌握基本运算方法；

（3）将数学建模的思想融入数学基础课教学过程中，强化数学知识的应用；

（4）力求与时俱进，引入 MATLAB 数学软件；

（5）将专业教材中适合的例题直接植入本书。

《高等数学（上册）》第一版出版后，我们经过进一步的教学实践，积累了不少经验，并吸收了广大读者的意见，修改了第一版中存在的不足之处。我们对原有版本的例题和习题做出了调整，在例题和练习的选择上更符合高职学生的基础，专业针对性也更强。在选材和叙述上尽量做到联系通信等相关专业的实际，注重应用，力图严谨、通俗易懂，便于教学。完善每章利用数学软件 MATLAB 求解相关数学内容的方法，增加了一些基础的命令，使初学者能更好更快地入门。

本教材（上册）（第二版）由柳州铁道职业技术学院秦立春、吴昊任主编，程晨、陈溥、覃雄燕任副主编。其中吴昊、程晨负责第 1、2、3 章数学内容的改编，秦立春负责第 4、5 章数学内容的改编，陈溥负责每章的软件部分及附录的改编，覃雄燕对全书习题部分进行审读，李碧荣初审了全部稿件。全书的统稿、定稿由秦立春承担。柳州铁道职业技术学院数学组全体同仁对本书提出了很有见地的宝贵建议，中国铁道出版社相关编辑为教材改版做了很多认真细致的工作，对此，我们表示诚挚的感谢。

由于编者水平有限，教材中存在疏漏与不足之处在所难免，衷心欢迎大家批评指正。

编　者

2016 年 4 月

第一版前言

高等数学中的各种数学模型应用广泛,是客观世界中最基本的处理各种关系结构的量化模式。有许多问题,以往初等数学须有很高技巧才能求解,有的根本无法求解,但用微积分提供的数学模型,都能快速解决。同时高等数学对高职学生的理性思维品格和思辨能力的培育,对高职学生的潜在能动性与创造力的开发,是其他任何专业技术课程都不能替代的。高职院校的学生只有掌握了高等数学的基本知识、基本思想和基本方法才能更好地学习其他专业技术课程。

当前高职院校数学课程的内容设置没能与时俱进地改革,教学效果不尽如人意,影响到学生学习的积极性,主要原因有如下三点:一是教材建设仍然停留在传统模式上,数学教学领域未能对"如何用较有效的方式来刻画、表述数学教学内容的抽象难点"达成共识,未能减轻学生惧怕数学、不愿学习数学的心理负担;二是高职学生不清楚数学对将来工作及生活、对专业学习、对思维有何作用,没有找到适合自己学习数学的方法,也不知道如何跟上老师的教学步伐,学数学的效率大打折扣;三是数学教师不太懂其他专业知识,学科间的隔阂造成数学教师不知道究竟该如何结合学生的专业和学生的实际去传授哪些数学知识以及该如何传授知识的思想和方法。

针对以上所述高职院校数学教学所面临的问题需要我们及时进行如下几个方面的改革:一是深化教学内容和教材体系的改革,尽量与其他专业技术相结合,直观地表现各种数学问题;二是针对高职高专培养一线岗位实用型人才的特殊要求,加大探索"降低理论、突出思想、提炼方法、注重应用"的力度。为此,我们组织了一些长期工作在教学一线的数学老师和专业课老师,参照教育部颁布的《高职高专教育高等数学课程教学基本要求》和《高职高专教育专业人才培养目标及规格》,针对高技能应用型人才培养目标的特点编写了本教材。

与同类教材相比,本教材有以下突出特点:

1.依据"为专业教学做工具,为学生终身学习打基础"的指导思想,针对高职各专业学科要求数学的知识面广,而数学课时少的现状,注重将高等数学的大量公式、方法归类并进行结构整理,提炼知识点及解题思想;注重将数学建模的思想融入数学基础课教学中,通过分析不同的实际问题所具有的相同本质思想、步骤,将实际问题简化、抽象为合理的数学模型结构,从而教会高职生学习数学的方法,为学生的专业学习及终身学习的思维与方法奠定了基础,体现了高职院校的教学特色。

2.力求贯彻"以应用为目的,以必需、够用为度"的原则,以"理解基本概念、掌握基本运算方法及应用"为依据,在教学内容的处理上,尽可能借助直观的几何图形、物理与经济等实际背景阐述概念、定理和公式,给出论证思路。突出微积分的极限基本思想,注重阐明数学知识的实际应用价值。

3.开设数学实验,把数学软件引入到基础数学课的教学中,发挥数学软件工具辅助数学教学的效能,培养学生利用数学软件工具学数学、用数学的能力,提升学生学习数学建模、学习专业课程的能力。

4.编写力求简明扼要,通俗易懂。在保证高等数学的文化性、科学性的基础上,结合高职教育特点,淡化数学学科的理论系统性、论证严密性,将抽象的数学概念以实例引入,带领学生讨论分析解决方案,教会学生把实例提炼成数学模型,领会知识点的本质,掌握解题的模板,降低学习难点。

教材分上、下两册。上册包含一元函数的微积分,是各专业必学的教学内容,附录提供了数学软件 MATLAB 的基础、常用初等数学公式及专业基础课需要的复数内容;下册包含微积分应用模块:常微分方程初步、无穷级数;线性代数与线性规划初步模块:线性方程组、线性规划初步;数理统计基础模块,由各专业根据课时及需要选学。每章最后一节是利用数学软件 MATLAB 求解相关数学内容的部分方法,供教学时选用。

本教材上册由柳州铁道职业技术学院吴昊、秦立春任主编,罗柳容、何友萍、庞斯棉任副主编,李碧荣、何闰丰初审了全部稿件。全书框架结构、统稿、定稿由吴昊承担。柳州铁道职业技术学院数学组全体同仁提出了编写建议或意见,李翠翠、黄莺、周澜从专业角度提出了要求及建议,中国铁道出版社的王春霞对编写教材提供了支持和帮助,再此表示感谢。

由于作者水平有限,加之时间仓促,难免出现一些疏漏,衷心欢迎大家批评指正。

编　　者
2012 年 5 月

目　录

第 ① 章

函数、极限和连续

高等数学最基本的内容是函数的微积分及其应用,微积分的许多重要概念,例如导数、定积分等都是以函数的极限概念为基础建立的. 函数反映现实世界中变量之间的依赖关系. 初等数学与高等数学都是以函数作为研究对象,但两者研究的思想方法不同. 与初等数学定性研究函数的思想不同,函数的极限是动态研究函数的过程. 极限的思想还体现了从量变到质变的辩证唯物主义思想. 本章在中学数学的基础上,介绍专业课或实际生活的常见函数,重点介绍函数极限的概念及其计算,介绍与函数极限密切相关的无穷小及函数的连续性的概念,介绍利用实用性强的数学软件 MATLAB 求解较复杂的函数极限的方法.

1.1 函 数

客观世界是变量构成的集合,而变量之间通常是有关系的,变量间的数量关系常常用函数来概括描述.

1.1.1 函数及其特性

1. 函数的概念

【引例】 高中物理学过,在弹性限度内,将弹簧拉长或压缩时所用"外力的大小"是一个变量,弹簧受外力由静止位置"位移一段距离"到另一个位置也是一个变量,这两个变量之间有什么数量关系呢? 实验表明:如果"外力"将弹簧拉长或缩减 x(m)时,所用的外力为 F(N),则变量"外力 F 的大小"与变量"弹簧位移的距离 x"的数量关系是: $F = kx$ $(k < 0)$,k 是劲度系数,$k < 0$ 表示矢量"外力"与矢量"位移"的方向相反,称这种数量的对应关系 $F = kx$ $(k < 0)$ 为两变量的函数关系. 也就是说,当弹簧位移量 x 取定某一数值时,外力 F 就会按照这个对应关系有一个确定的数值与之对应.

定义 1　设 x 和 y 是某一变化过程中的两个变量,假设 x 的变化范围是实数集 $D\subseteq\mathbf{R}$,如果对于 D 中的每一个数值 x,按照某种对应法则 f(即对应规律 $f:x\rightarrow f(x)$),都有唯一确定的 y 值与之对应,则称变量 y 是变量 x 的**函数**. 记作 $y=f(x)$,$x\in D$. 其中 x 为**自变量**, y 为**因变量**,x 的取值范围 D 称为函数 $y=f(x)$ 的**定义域**(又称**自然定义域**),而数集 $f(D)=\{y\,|\,y=f(x),x\in D\}$ 称为函数 $y=f(x)$ 的**值域**. 当 $x=x_0$ 时,与 x_0 相对应的值称为**函数值**,记作 $y\big|_{x=x_0}$ 或 $f(x_0)$.

函数的定义域是使函数 $y=f(x)$ 有意义的 x 的集合.

函数常见的表示方法有三种:解析法(如上面的引例)、图像法、列表法.

例如,某气象站用自动温度记录仪记下某日气温的变化,如图 1.1.1 所示. 这是用图像法表示一昼夜里温度 $T(℃)$ 与时间 $t(h)$ 之间的对应关系.

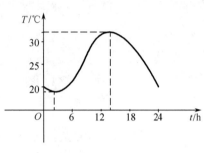

图　1.1.1

又如,某学院高职课程"数学软件 MATLAB"学习的平时成绩 y(满分 10 分)与平时作业正确率 x 之间的关系如表 1.1.1 所示.

表　1.1.1

x(作业正确率)	40%以下	40%～60%	60%～80%	80%～90%	90%以上
y(平时成绩)	5.0	6.0	7.0	8.0	9.0

这是用列表法表示的函数关系,其定义域是 $\{x\,|\,0\leqslant x\leqslant 100\%,x\in\mathbf{R}\}$.

在一些专业中,比如电子信息类专业,一些函数还需要用级数来表达,如

$$\sin x=x-\frac{x^3}{3!}+\frac{x^5}{5!}-\frac{x^7}{7!}+\cdots+(-1)^{n-1}\frac{x^{2n-1}}{(2n-1)!}+\cdots,\quad -\infty<x<+\infty.$$

显然,函数的定义域和对应法则是函数的两个要素,也就是说,如果两个函数的定义域和对应法则分别相同,那么它们就是相同的函数,与自变量和因变量用什么字母表示无关. 如函数 $f(x)=\dfrac{|x|}{|x|}$ 与 $g(x)=1$ 是不同的函数,因为函数 $f(x)$ 的定义域是 $(-\infty,0)\bigcup(0,+\infty)$,函数 $g(x)$ 的定义域是 $(-\infty,+\infty)$;而函数 $f(x)=\sin^2 x+\cos^2 x$ 与 $g(t)=1$ 是相同的函数.

2. 分段函数

在科学研究及现实生活中,有些函数不能用一个解析式表示出来. 如果对于自变量 x 的不同的取值范围,有着不同的对应法则,这样的函数通常称为**分段函数**. 分段函数是一个函数,而不是几个函数,分段函数的定义域是各段函数定义域的并集,值域也是各段函数值域的并集.

【例 1】　函数

$$y = \operatorname{sgn} x = \begin{cases} 1 & \text{当 } x > 0 \\ 0 & \text{当 } x = 0 \\ -1 & \text{当 } x < 0 \end{cases}$$

称为**符号函数**，其图像如图 1.1.2 所示．它的定义域 $D = (-\infty, +\infty)$，值域 $M = \{-1, 0, 1\}$．对任何实数 x，有 $x = \operatorname{sgn} x \cdot |x|$．在通信中，$\operatorname{sign}(t)$ 代表信号．$\operatorname{sign}(t) = 1$ 表示 $t > 0$ 时，信号的幅度是 1；$\operatorname{sign}(t) = 0$ 表示在 $t < 0$ 时，信号的幅度是 -1．

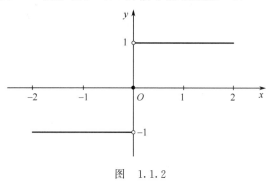

图　1.1.2

【例 2】　正弦交流电 $I(x) = \sin x$ 经二极管整流后变为

$$f(x) = \begin{cases} 0 & \text{当 } (2k-1)\pi < x \leqslant 2k\pi \\ \sin x & \text{当 } 2k\pi < x \leqslant (2k+1)\pi \end{cases}$$

k 是整数，其图像如图 1.1.3 所示，它的定义域 $D = (-\infty, +\infty)$，值域 $M = [0, 1]$．在电类专业中，所谓二极管整流即单向导电性：正的交流电通过，负的交流电被阻止．

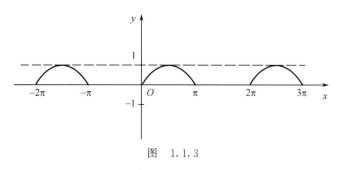

图　1.1.3

【例 3】　单位阶跃函数 $f(t) = \begin{cases} 1 & t > 0 \\ 0 & t < 0 \end{cases}$ 及其频谱图．

如图 1.1.4 所示，单位阶跃函数的定义域 $D = (-\infty, 0) \bigcup (0, +\infty)$，值域 $M = \{0, 1\}$．

如图 1.1.5 所示，单位阶跃函数的频谱函数是 $f(t)$ 经过傅里叶变换后的像函数：$F(f(t)) = \dfrac{1}{\mathrm{j}\omega} + \pi\delta(\omega)$，频谱函数的模 $|F(f(t))|$ 称为振幅频谱，$|F(f(t))|$ 的图像称为频谱图（j 是虚数单位，δ-函数是单位脉冲函数），单位阶跃函数的频谱图的定义域是

$D=(-\infty,0)\bigcup(0,+\infty)$,值域 $M=(0,+\infty)$. 在通信中的故障检修往往是检查频谱图。

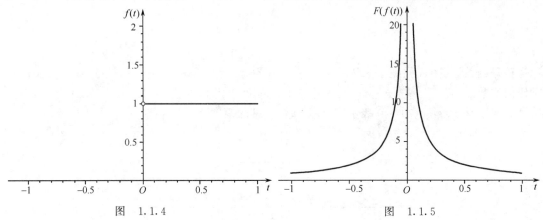

图   1.1.4   图   1.1.5

【例 4】 设函数 $f(x)=\begin{cases}3x+1 & 当\ x<0 \\ 1 & 当\ x=0 \\ 2^x & 当\ x>0\end{cases}$,求定义域和函数值 $f\left(-\dfrac{3}{2}\right),f(0),f(2)$,并

作出此函数的图像.

解 函数的定义域 $D=(-\infty,+\infty)$;

$$f\left(-\frac{3}{2}\right)=3\times\left(-\frac{3}{2}\right)+1=-\frac{7}{2},f(0)=1,f(2)=2^2=4.$$

其图像如图 1.1.6 所示.

3. 函数的特性

(1) 函数的单调性

设函数 $y=f(x)$ 在区间 I 内有定义,对于任意的 x_1,x_2 $\in I$,当 $x_1<x_2$ 时,若有 $f(x_1)\leqslant f(x_2)$,则称函数 $y=f(x)$ 在区间 I 内是**单调上升函数**(或**增函数**);当 $x_1<x_2$ 时,若有 $f(x_1)\geqslant f(x_2)$,则称函数 $y=f(x)$ 在区间 I 内是**单调下降函数**(或**减函数**),区间 I 称为函数的**单调区间**. 通常,函数值不相等的,此时称 $y=f(x)$ 为"**严格单调上升函数**"或"**严格单调下降函数**".

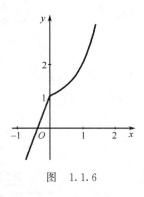

图   1.1.6

🍄 **注 意**

① 说函数的单调性一定要指明它是在哪个区间具有何种单调性,若不指明单调区间,则指函数 $y=f(x)$ 在其整体定义域内的单调性. 如函数 $y=x^3$ 是单调上升函数是指它在定义域 $(-\infty,+\infty)$ 内单调上升,而函数 $y=x^2$ 在定义域 $(-\infty,+\infty)$ 内虽然不是单调函数,但它在 $(-\infty,0)$ 内单调下降,在 $(0,+\infty)$ 内单调上升.

② 单调上升函数的图像是随着 x 值的增大而上升的曲线;单调下降函数的图像是随着 x 值的增大而下降的曲线.

（2）函数的奇偶性

设函数 $y=f(x)$ 的定义域 D 关于原点对称,若对任意的 $x \in D$,都有 $f(-x)=-f(x)$,则称函数 $y=f(x)$ 为**奇函数**;若对任意的 $x \in D$,都有 $f(-x)=f(x)$,则称函数 $y=f(x)$ 为**偶函数**. 如果函数 $y=f(x)$ 既不是奇函数,也不是偶函数,则称它为**非奇非偶函数**.

注　意

①　具有奇偶性的两个函数在公共定义域中,奇函数与奇函数的代数和、奇函数与偶函数的积或商是奇函数;奇函数与奇函数的积或商,偶函数与偶函数代数和、积或商是偶函数;而奇函数与偶函数的代数和却是非奇非偶函数. 如 $y=x^5+\dfrac{\sin x}{x^2+4}$ 是奇函数,而 $y=\sin x+\cos x$ 是非奇非偶函数.

②　奇函数的图像关于原点对称,偶函数的图像关于坐标轴对称.

（3）函数的有界性

设函数 $y=f(x)$ 在区间 I 内有定义,若存在一个正数 M,使得对于任意的 $x \in I$,都有 $|f(x)| \leqslant M$,则称函数 $y=f(x)$ 在 I 内**有界**,否则称函数 $y=f(x)$ 在 I 内**无界**. 注意:函数 $y=f(x)$ 在 I 内有界,从图形直观地看,其图像介于两条水平直线（即上、下界）之间. 如反正切函数 $y=\arctan x$ 的图像在两条水平直线 $y=-\dfrac{\pi}{2}$, $y=\dfrac{\pi}{2}$ 之间.

（4）函数的周期性

对于函数 $y=f(x)$,若存在正数 T,使得对于任意的 $x \in D$,有 $x+T \in D$,且有 $f(x+T)=f(x)$ 恒成立,则称函数 $y=f(x)$ 为**周期函数**,满足这个式子的最小正数 T 称为函数的**最小周期**,简称**周期**. 如正弦函数 $y=\sin x$ 与余弦函数 $y=\cos x$ 的周期是 2π,正切函数 $y=\tan x$ 与余切函数 $y=\cot x$ 的周期是 π.

注　意

①　不是每个周期函数都有最小正周期的,比如狄利克雷函数

$$D(x)=\begin{cases}1 & \text{当 } x \in \mathbf{Q}\text{（}\mathbf{Q}\text{ 为有理数集）}\\ 0 & \text{当 } x \in \overline{\mathbf{Q}}\text{（}\overline{\mathbf{Q}}\text{ 为无理数集）}\end{cases}$$

是周期函数,任何有理数 r 都是它的周期,但是它没有最小正周期（因为不存在最小的正有理数）. 狄利克雷函数的特征:没有解析式;没有图形;没有实际背景（将函数从解析式、从几何直观、从客观世界的束缚中解放出来）.

②　周期函数每隔一个周期,图像重复出现. 比如正弦函数 $y=\sin x$ 与余弦函数 $y=\cos x$ 的周期是 2π,正切函数 $y=\tan x$ 与余切函数 $y=\cot x$ 的周期是 π.

4. 反函数

设有函数 $y=f(x)$,若对函数值域内的每一个 y 值,按照对应法则 f,在函数的定义域内

有唯一的 x 值与之对应，那么变量 x 是变量 y 的函数用 $x=f^{-1}(y)$ 来表示，称函数 $x=f^{-1}(y)$ 为函数 $y=f(x)$ 的**反函数**．习惯上，记函数 $y=f(x)$ 的反函数为 $y=f^{-1}(x)$．

注意

① 函数 $y=f(x)$ 与函数 $y=f^{-1}(x)$ 互为反函数．原函数 $y=f(x)$ 的定义域是反函数 $y=f^{-1}(x)$ 的值域，原函数 $y=f(x)$ 的值域是反函数 $y=f^{-1}(x)$ 的定义域．

② 只有在区间 (a,b) 内单调的函数 $y=f(x)$ 才有反函数 $y=f^{-1}(x)$，并且它们具有相同的单调性．如函数 $y=\sin x$ 在 $\left[-\dfrac{\pi}{2},\dfrac{\pi}{2}\right]$ 上单调上升，所以它在该区间上有反函数 $y=\arcsin x$，并且反函数 $y=\arcsin x$ 在 $[-1,1]$ 上也是单调上升函数；但是函数 $y=\sin x$ 在定义域 $(-\infty,+\infty)$ 内不是单调函数，所以它在定义域 $(-\infty,+\infty)$ 内也没有反函数．

③ 在同一坐标平面内，互为反函数 $y=f(x)$ 与 $y=f^{-1}(x)$ 的图像关于直线 $y=x$ 对称．如图 1.1.7 所示，函数 $y=2^x$ 与 $y=\log_2 x$ 互为反函数，$y=x^3$ 与 $y=\sqrt[3]{x}$ 互为反函数，它们的图像关于直线 $y=x$ 对称．

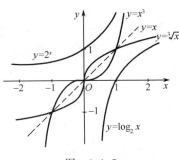

图　1.1.7

1.1.2　初等函数

1. 基本初等函数

在微积分学中将常量函数、幂函数、指数函数、对数函数、三角函数和反三角函数统称为六类**基本初等函数**．

（1）**常量函数** $y=c$（c 为常数）

常量函数的定义域是 $(-\infty,+\infty)$，值域是 $\{c\}$，其图像是过点 $(0,c)$ 且平行于 x 轴的一条直线，如图 1.1.8 所示．

（2）**幂函数** $y=x^\alpha$（α 为实常数）

常见的函数 $y=\dfrac{1}{x}$，$y=\sqrt{x}$，$y=x$，$y=x^2$，$y=x^3$ 等都是幂函数，如图 1.1.9 所示，幂函数的定义域随 α 的不同而不同，如 $y=\dfrac{1}{x}$ 的定义域是 $(-\infty,0)\bigcup(0,+\infty)$，$y=\sqrt{x}$ 的定义域是 $[0,+\infty)$，$y=x^{-\frac{1}{2}}=\dfrac{1}{\sqrt{x}}$ 的定义域是 $(0,+\infty)$，$y=x^2$ 的定义域是 $(-\infty,+\infty)$，可见幂函数的公共定义域是 $(0,+\infty)$．

可以看出，幂函数 $y=x^\alpha$ 的图像都过 $(1,1)$ 点，且当 $\alpha>0$ 时，幂函数 $y=x^\alpha$ 的图像在区间

$[0,+\infty)$内单调上升;当$\alpha<0$时,幂函数$y=x^\alpha$的图像在区间$(0,+\infty)$内单调下降.

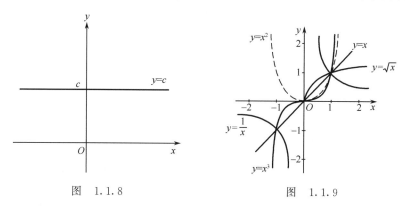

图 1.1.8　　　　　　　　　　图 1.1.9

（3）**指数函数** $y=a^x(a>0$ 且 $a\neq1,a$ 为常数）

指数函数的定义域是$(-\infty,+\infty)$,值域是$(0,+\infty)$.当$0<a<1$时,函数图像单调下降,如图 1.1.10(a)所示;当$a>1$时,函数图像单调上升,如图 1.1.10(b)所示.

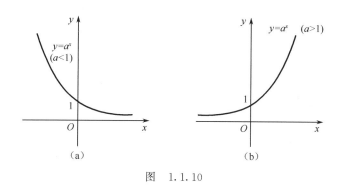

图 1.1.10

（4）**对数函数** $y=\log_a x(a>0$ 且 $a\neq1,a$ 为常数）

同底的对数函数与指数函数互为反函数,它的定义域是$(0,+\infty)$,值域是$(-\infty,+\infty)$.当$0<a<1$时,函数图像单调下降,如图 1.1.11(a)所示;当$a>1$时,函数图像单调上升,如图 1.1.11(b)所示.

以 10 为底的对数函数称为**常用对数函数**,记作 $y=\lg x$;以 e 为底的对数函数称为**自然对数函数**,记作 $y=\ln x$,其中 e 是一个无理数,$e=2.718\ 281\ 828\ 459\cdots$.

（5）**三角函数**

三角函数指正弦函数 $y=\sin x$、余弦函数 $y=\cos x$、正切函数 $y=\tan x$、余切函数 $y=\cot x$、正割函数 $y=\sec x$ 和余割函数 $y=\csc x$.其中,正弦函数 $y=\sin x$,余弦函数 $y=\cos x$ 的定义域都是$(-\infty,+\infty)$,值域都是$[-1,1]$,都是以 2π 为周期的周期函数.正弦函数 $y=\sin x$ 是奇函数,图像如图 1.1.12 所示.余弦函数 $y=\cos x$ 是偶函数,图像如图 1.1.13 所示.

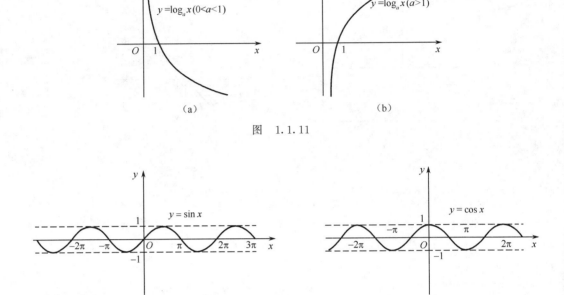

图 1.1.11

图 1.1.12 图 1.1.13

正切函数 $y=\tan x$ 的定义域是 $\left\{x\left|x\neq 2k\pi+\dfrac{\pi}{2},k\in\mathbf{Z}\right.\right\}$，余切函数 $y=\cot x$ 的定义域是 $\{x|x\neq k\pi,k\in\mathbf{Z}\}$，它们的值域都是 $(-\infty,+\infty)$，都是以 π 为周期的周期函数．正切函数 $y=\tan x$ 是奇函数，图像如图 1.1.14 所示．余切函数 $y=\cot x$ 是奇函数，图像如图 1.1.15 所示．

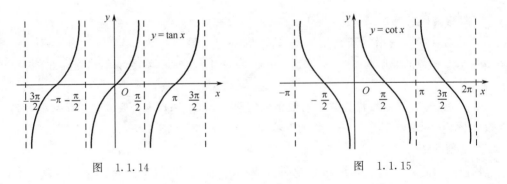

图 1.1.14 图 1.1.15

正割函数 $y=\sec x$ 是余弦函数 $y=\cos x$ 的倒数，定义域是 $\left\{x\left|x\neq k\pi+\dfrac{\pi}{2},k\in\mathbf{Z}\right.\right\}$，余割函数 $y=\csc x$ 是正弦函数 $y=\sin x$ 的倒数，定义域是 $\{x|x\neq k\pi,k\in\mathbf{Z}\}$．

六个三角函数在各自的定义域内都不是单调函数,当然在定义域内没有反函数.

（6）**反三角函数**

反三角函数包括反正弦函数 $y=\arcsin x$、反余弦函数 $y=\arccos x$、反正切函数 $y=\arctan x$、反余切函数 $y=\operatorname{arccot} x$ 等,它们都是有界函数.

反正弦函数 $y=\arcsin x$、反余弦函数 $y=\arccos x$ 的定义域都是 $[-1,1]$,反正弦函数 $y=\arcsin x$ 的值域是 $\left[-\dfrac{\pi}{2},\dfrac{\pi}{2}\right]$,它是单调上升且有界的奇函数,图像如图 1.1.16 所示.

反余弦函数 $y=\arccos x$ 的值域是 $[0,\pi]$. 它是单调下降且有界的非奇非偶函数,图像如图 1.1.17 所示.

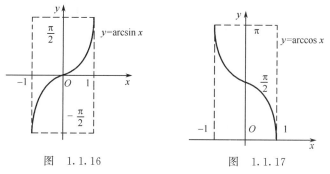

图 1.1.16   图 1.1.17

反正切函数 $y=\arctan x$、反余切函数 $y=\operatorname{arccot} x$ 的定义域都是 $(-\infty,+\infty)$,反正切函数 $y=\arctan x$ 的值域是 $\left(-\dfrac{\pi}{2},\dfrac{\pi}{2}\right)$,它是单调增加且有界的奇函数,图像如图 1.1.18 所示.

反余切函数 $y=\operatorname{arccot} x$ 的值域是 $(0,\pi)$,它是单调减少且有界的非奇非偶函数,图像如图 1.1.19所示.

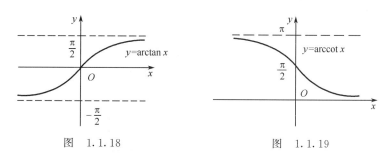

图 1.1.18   图 1.1.19

【**例 5**】 求下列反三角函数值:

（1）$\arcsin\dfrac{1}{2}$;   （2）$\arcsin\left(-\dfrac{\sqrt{3}}{2}\right)$;   （3）$\arccos\left(-\dfrac{\sqrt{2}}{2}\right)$;

（4）$\arctan(-1)$.

解 （1）由于 $\sin\dfrac{\pi}{6}=\dfrac{1}{2}$, 且 $\dfrac{\pi}{6}\in\left[-\dfrac{\pi}{2},\dfrac{\pi}{2}\right]$,故 $\arcsin\dfrac{1}{2}=\dfrac{\pi}{6}$;

（2）由于 $\sin\left(-\dfrac{\pi}{3}\right)=-\dfrac{\sqrt{3}}{2}$，且 $-\dfrac{\pi}{3}\in\left[-\dfrac{\pi}{2},\dfrac{\pi}{2}\right]$，故 $\arcsin\left(-\dfrac{\sqrt{3}}{2}\right)=-\dfrac{\pi}{3}$；

（3）由于 $\cos\dfrac{3\pi}{4}=-\dfrac{\sqrt{2}}{2}$，且 $\dfrac{3\pi}{4}\in[0,\pi]$，故 $\arccos\left(-\dfrac{\sqrt{2}}{2}\right)=\dfrac{3\pi}{4}$；

（4）由于 $\tan\left(-\dfrac{\pi}{4}\right)=-1$，且 $-\dfrac{\pi}{4}\in\left(-\dfrac{\pi}{2},\dfrac{\pi}{2}\right)$，故 $\arctan(-1)=-\dfrac{\pi}{4}$.

2. 复合函数

　　定义 2　设 $y=f(u),u=\varphi(x)$ 是两个函数，如果函数 $u=\varphi(x)$ 的值域与函数 $y=f(u)$ 的定义域的交集非空，则称函数 $y=f(\varphi(x))$ 是由 $y=f(u)$ 和 $u=\varphi(x)$ 复合而成的函数，简称**复合函数**，其中 u 称为**中间变量**（也称函数 $y=f(u)$ 为外层函数，$u=\varphi(x)$ 为内层函数）.

　　复合函数可以由两个函数复合而成，也可以由有限多个函数复合而成．例如，函数 $y=\ln(x^2+2^x)$ 由函数 $y=\ln u$ 和 $u=x^2+2^x$ 复合而成；函数 $y=\arctan e^{2x-1}$ 由函数 $y=\arctan u,u=e^v$ 和 $v=2x-1$ 复合而成．

🪐 注　意

　　不是任意两个函数都可以构成一个复合函数．例如，$y=\arccos u$ 和 $u=x^2+2$ 就不能构成复合函数，因为 $u=x^2+2$ 的值域 $[2,+\infty)$ 与 $y=\arccos u$ 的定义域 $D=[-1,1]$ 的交集为空集.

　　怎样将一个复合函数分解成若干个基本初等函数或简单函数呢？（这里的简单函数是指由基本初等函数经过有限次四则运算所得的函数）其分解方法是寻找 u，使 $y=f(u)$ 是基本初等函数或简单函数，再逐步"**由外到里，逐层分解**".

　　【例 6】　指出下列复合函数由哪几个基本初等函数或简单函数复合而成：

（1）$y=(x+4)^{10}$；　　（2）$y=3^{\arccos x}$；　　　（3）$y=3\ln\left(\dfrac{x^2}{e^x}\right)$；

（4）$y=(x^3+3^x)^n$　，n 是常数；　　　　　（5）$y=\sin^2 x^2$.

　　解　（1）函数 $y=(x+4)^{10}$ 由 $y=u^{10},u=x+4$ 复合而成；

　　　　（2）函数 $y=3^{\arccos x}$ 由 $y=3^u,u=\arccos x$ 复合而成；

　　　　（3）函数 $y=3\ln\left(\dfrac{x^2}{e^x}\right)$ 由 $y=3\ln u,u=\dfrac{x^2}{e^x}$ 复合而成；

　　　　（4）函数 $y=(x^3+3^x)^n$ 由 $y=w^n,w=x^3+3^x$ 复合而成；

　　　　（5）函数 $y=\sin^2 x^2$ 由 $y=u^2,u=\sin v,v=x^2$ 复合而成．

3. 初等函数

　　定义 3　由基本初等函数经过有限次的四则运算和有限次的复合步骤所构成的，并能用一个式子表示的函数，称为**初等函数**.

　　如函数 $y=\sqrt[3]{\cot\dfrac{x+1}{2}}-\sin x^2,y=\dfrac{e^x-e^{-x}}{e^x+e^{-x}}$ 都是初等函数．需要注意的是有些分段函

数不一定是初等函数. 比如函数 $y = |x| = \begin{cases} x & \text{当 } x \geqslant 0 \\ -x & \text{当 } x < 0 \end{cases}$ 是初等函数, 因为 $y = |x| = \sqrt{x^2}$

可以由基本初等函数 $y = \sqrt{u}$, $u = x^2$ 复合而成; 但符号函数 $\operatorname{sgn}(x) = \begin{cases} 1 & \text{当 } x > 0 \\ 0 & \text{当 } x = 0 \\ -1 & \text{当 } x < 0 \end{cases}$ 就不是

初等函数.

本教材中研究的函数主要为初等函数.

习　题　1.1

1. 判断题:

(1) 每个周期函数都有最小正周期. （　　）

(2) 函数 $y = \sin x$ 在 R 上有反函数. （　　）

(3) 函数 $y = \arcsin x$, $y = \arccos x$, $y = \arctan x$ 和 $y = \operatorname{arc cot} x$ 都是有界函数. （　　）

(4) $y = \cos^3 x$ 是由 $y = \cos u$ 与 $u = x^3$ 复合而成的. （　　）

2. 填空题:

(1) 函数 $y = \sqrt{2x - 3}$ 的定义域是_____.

函数 $y = e^{\frac{1}{x-1}}$ 的定义域是_____.

函数 $y = \ln(x + 1)$ 的定义域是_____.

(2) 函数 $y = \dfrac{3x - 2}{5x + 1}$ 的反函数是_____.

函数 $y = 4\sin\dfrac{2x}{3}$, $-\dfrac{3\pi}{4} \leqslant x \leqslant \dfrac{3\pi}{4}$ 的反函数是_____.

(3) 函数 $y = e^{\arcsin x}$ 是由_____与_____复合而成的.

函数 $y = (x^4 + 3x - 1)^{10}$ 是由_____与_____复合而成的;

函数 $y = \arctan\dfrac{2^x + 1}{x^2 + 3}$ 是由_____与_____复合而成的.

函数 $y = \cos^3 x^3$ 是由_____、_____与_____复合而成的.

3. 选择题:

(1) 以下哪一组的两个函数是相同的函数（　　）.

　A. $f(x) = \sqrt{x^2}$, $g(x) = (\sqrt{x})^2$ 　　　　　　B. $f(x) = x$, $g(x) = \cos(\arccos x)$

　C. $f(x) = \sqrt{x^2}$, $g(x) = |x|$ 　　　　　　D. $f(x) = \ln x^4$, $g(x) = 4\ln x$

(2) 函数 $y = 2 + \ln(x - 3)$ 的反函数是（　　）.

　A. $y = e^x$ 　　　　B. $y = e^{x-2}$ 　　　　C. $y = e^{x-2} - 3$ 　　　　D. $y = e^{x-2} + 3$

4. 设函数 $f(x) = \begin{cases} \dfrac{e^x - e^{-x}}{e^x + e^{-x}}, & x \geqslant 0 \\ \sin x, & x < 0 \end{cases}$，求 $f(-\pi), f(-1), f(0), f(\ln 2), f(1)$ 的值.

5. 判断下列函数的奇偶性.

(1) $y = 3x^4 + \sin^2 x$；

(2) $y = \dfrac{a^x - a^{-x}}{3\cos x + 1}$；

(3) $y = |x| \arcsin x + x \arctan x$；

(4) $y = \ln(x + \sqrt{1 + x^2})$.

小知识　了解"数学建模"

1. 开展数学建模活动是高职数学课程教学改革的需要

高等职业教育的培养目标是为生产服务和管理第一线培养实用型人才. 根据这个目标, 高职数学课程的教学改革的一个重要的任务, 就是培养学生用数学的观点、思想和方法解决实际问题的能力. 开展数学建模活动的出发点就在于培养高职学生使用数学工具和运用计算机、数学软件解决实际问题的意识和能力.

2. 开展数学建模活动, 能加速应用数学人才和复合型人才的培养

国际和国内的数学建模竞赛在近十年来迅速发展, 数学建模竞赛的题目由日常生活、工程技术和管理科学中的实际问题简化加工而成, 它不要求有十分高深的数学知识, 但涉及的知识面很广; 并且一般没有事先设定的严格的标准答案, 但留有充分的余地供参赛者发挥聪明才智和创造精神. 数学建模活动采用开放式, 可查阅资料和使用计算机, 每个参赛队由三人组成, 可以跨系、跨专业自由组合, 参赛队必须在三天的时间内完成一篇包括有模型的假设、建立和求解, 计算方法的设计和实现, 结果的分析和检验, 模型的改进等方面的论文. 参赛小组在完成论文的过程中, 可以通过各种手段来收集资料, 使用计算机和任何软件, 甚至通过网上查询来完成解答. 因此, 开展数学建模竞赛对于加速高职院校培养应用型的人才和复合型人才具有十分积极的推动和促进作用.

3. 开展数学建模活动, 能扩大高职学生的知识面

数学建模活动所涉及的内容很广, 用到的知识面比较宽, 不但包含了较广泛的数学基础知识和各种数学方法技巧, 而且联系到各种各样实际问题的背景, 如生物、物理、医学、化学、生态、经济、管理等. 因此, 单靠数学老师对学生进行这些方面的知识传授可能不够深入全面, 学生在课下还需要自学建模方法与应用、线性规划、非线性规划、微分方程数学模型、数理统计应用、层次模型分析、图论、离散数学、计算机仿真、案例分析、MATLAB、LINGO、SPSS 等. 这样大大丰富了学生的知识面, 充分调动了学生的学习积极性, 激发了学生潜能的开发, 有利于培养和提高学生的自学能力.

4. 开展数学建模活动, 有助于培养高职学生的创新能力

现代教育思想的核心是培养学生的创新意识及能力, 而能力是在传授知识和训练技能的过程中通过有意识地培养得到发展的．建模本身就是一项创造性思维活动，它既需要学生掌握一定的理论，又需要有较强的实践性；既要求思维的数量，又要求思维的深刻性和灵活性，实质要求学生具备把实际问题抽象为数学模型的转化能力．

对一个实际问题而言，一般不是只有一个正确模型，许多不同的模型都可以用来解决相同的问题，而同一个抽象模型又可以用于解决不同的具体问题，它没有固定的方法和规定的数学工具，也没有现成的答案、模式可以遵循，其结果也不一定．于是数学建模本身就给学生提供了一个自我学习、独立思考、认真探索的实践过程．通过建模，学生要从错综复杂的实际问题中，抓住问题的要点，使问题逐渐明确，并将问题中的联系归成一类，揭示出它们的本质特征，得出解决问题的重点与难点，自觉地运用所给问题的条件寻求解决问题的最佳方案和途径，这一过程能充分发挥学生丰富的想象力和创新能力．在高职院校开展数学建模活动有助于培养高职学生的实践能力、动手能力以及分析问题、解决问题的能力，为学生以后的学习及创造性地工作奠定良好的基础．

1.2 极　　限

在中国、古希腊、古巴比伦和古埃及的早期数学文献中都有极限的思想方法，古希腊的阿基米德（约前287—前212年）用边数越来越多的正多边形的面积去逼近圆的面积．我国古代著名数学家刘徽（出生于3世纪20年代后期），采用了逼近原理去求圆的面积，简称"割圆术"．他的具体作法是：作圆的内接正六边形，正十二边形，正二十四边形，正四十八边形，…，即作圆的内接正 $6 \times 2^{n-1}$ 边形（$n=1,2,3,\cdots$，其中 n 为正整数）；其对应面积记为 A_n，得到一个无穷数列 A_1，A_2，$\cdots$，A_n，$\cdots$；他的极限思想是：n 越大，圆的内接正 n 边形与圆的差别就越小，从而以 A_n 作为圆面积的近似值也就越精确.但是这只能得到圆面积的近似值，如何才能得到精确值呢？本节的函数极限知识提供了这类问题的求解方法．

1.2.1 数列的极限

按照自然数顺序排列起来的一列数

$$x_1, x_2, x_3, \cdots, x_n, \cdots$$

称为**无穷数列**，简称**数列**，记为 $\{x_n\}$ 或 $\{f(n)\}$，$n=1,2,\cdots$，数列中的每一个数称为数列的**项**，x_n 或 $f(n)$ 称为数列的**通项**或**一般项**．

【例1】　观察下列数列 $\{x_n\}$，$n=1,2,\cdots$，当 n 无限增大时的变化趋势．

(1) $1, \dfrac{1}{2}, \dfrac{1}{3}, \cdots, \dfrac{1}{n}, \cdots$；

(2) $1, 2, 3, \cdots, n, \cdots$；

(3) $\dfrac{1}{2}, \dfrac{2}{3}, \dfrac{3}{4}, \dfrac{4}{5}, \cdots, \dfrac{n}{n+1}, \cdots$；

(4) $0,1,0,1,\cdots,\dfrac{1+(-1)^n}{2},\cdots$.

解 (1) 如图1.2.1所示,数列的项数 n 无限增大时,数列 $\left\{\dfrac{1}{n}\right\}$ 的项越来越趋近常数0;

(2) 如图1.2.2所示,数列的项数 n 无限增大时,数列 $\{n\}$ 的项也无限增大,所以数列 $\{n\}$ 并不趋近于一个常数;

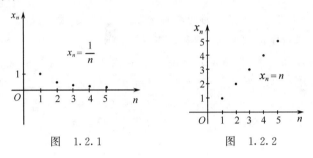

图　1.2.1　　　　　　　　图　1.2.2

(3) 如图1.2.3所示,数列的项数 n 无限增大时,数列 $\left\{\dfrac{n}{n+1}\right\}$ 的项越来越趋近常数1;

(4) 如图1.2.4所示,数列的项数 n 无限增大时,数列 $\left\{\dfrac{1+(-1)^n}{2}\right\}$ 的项在0与1两数之间摆动,所以当 n 无限增大时,数列 $\left\{\dfrac{1+(-1)^n}{2}\right\}$ 的项并不趋近于一个常数.

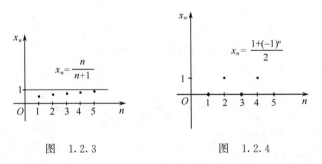

图　1.2.3　　　　　　　　图　1.2.4

由例1知道,随着数列项数 n 无限增大,一类数列无限趋于一个常数,另一类数列没有这个特性.

定义1 对于数列 $\{f(n)\}$,当项数 n 无限增大时,如果数列 $f(n)$ 无限趋近于某个确定的常数 A,则称常数 A 为数列 $\{f(n)\}$ 当 n 无限增大时的**极限**,记作 $\lim\limits_{n\to\infty}f(n)=A$ 或 $f(n)\to A$ $(n\to\infty)$.

如果数列 $\{f(n)\}$ 有极限 A,也可以称该数列 $\{f(n)\}$ 是收敛于 A 的**收敛数列**;如果数列 $\{f(n)\}$ 没有极限,则称该数列是**发散数列**.

由例 1 可知，$\lim\limits_{n\to\infty}\dfrac{n}{n+1}=1$，$\lim\limits_{n\to\infty}\dfrac{1}{n}=0$，$\lim\limits_{n\to\infty}n$ 与 $\lim\limits_{n\to\infty}\dfrac{1+(-1)^n}{2}$ 均不存在．因此，数列 $\left\{\dfrac{n}{n+1}\right\}$ 收敛于 1，数列 $\left\{\dfrac{1}{n}\right\}$ 收敛于 0，而数列 $\{n\}$ 和 $\left\{\dfrac{1+(-1)^n}{2}\right\}$ 均是发散数列．

思考：判断数列 $\{f(n)\}$ 有极限的方法是什么？

数列是定义在自然数集上的特殊函数，因此按照数列极限的思想方法，可以将数列极限的概念推广到一般函数的极限．

1.2.2 函数的极限

判断数列极限 $\lim\limits_{n\to\infty}f(n)=A$ 的思想方法是：①让自变量 n 无限增大，即 $n\to\infty$；②考察数列 $f(n)$ 在 $n\to\infty$ 时的变化趋势；③作判断：若数列 $f(n)$ 无限趋近于某一个确定的常数 A，则 A 就是数列 $f(n)$ 当 $n\to\infty$ 的极限，否则称数列 $f(n)$ 没有极限．

把数列极限概念中的 $f(n)$ 及自变量 $n\to\infty$ 的特殊性撇开，将数列 $f(n)$ 换成函数 $f(x)$，将 $n\to\infty$ 换成 $x\to a$（a 可以为定点 x_0 或 ∞），套用求数列极限 $\lim\limits_{n\to\infty}f(n)=A$ 的思想方法，就可以得到函数极限的概念．

1. 当 $x\to\infty$ 时，函数 $f(x)$ 的极限

"$x\to\infty$"表示自变量 x 的绝对值 $|x|$ 无限增大，它是自变量 x 的某种变化趋势，它包含自变量 x 无限增大（记作"$x\to+\infty$"）和自变量 x 无限减小（记作"$x\to-\infty$"）两种情况．

定义 2 当 $x\to\infty$ 时，如果函数 $f(x)$ 无限趋近于某个确定的常数 A，则称 A 为函数 $f(x)$ 当 $x\to\infty$ 时的**极限**，记作

$$\lim_{x\to\infty}f(x)=A \quad 或 \quad f(x)\to A(x\to\infty).$$

有时需要知道当 $x\to+\infty$ 或 $x\to-\infty$ 时函数 $f(x)$ 的变化趋势．

定义 3 当自变量 $x\to+\infty$ 时，如果函数 $f(x)$ 无限趋近于某个确定的常数 A，则称 A 为函数 $f(x)$ 当 $x\to+\infty$ 时的**极限**，记作

$$\lim_{x\to+\infty}f(x)=A \quad 或 \quad f(x)\to A(x\to+\infty).$$

定义 4 当自变量 $x\to-\infty$ 时，如果函数 $f(x)$ 无限趋近于某个确定的常数 A，则称 A 为函数 $f(x)$ 当 $x\to-\infty$ 时的**极限**，记作

$$\lim_{x\to-\infty}f(x)=A \quad 或 \quad f(x)\to A(x\to-\infty).$$

根据定义 2、定义 3、定义 4，容易得到：

定理 1 $\lim\limits_{x\to\infty}f(x)=A$ 的充要条件是 $\lim\limits_{x\to+\infty}f(x)=\lim\limits_{x\to-\infty}f(x)=A$．

【例 2】 求下列极限：

(1) $\lim\limits_{x\to\infty}\dfrac{1}{x}$；

(2) $\lim\limits_{x\to\infty}\arctan x$．

解　（1）从图 1.2.5 观察：无论当 $x \to +\infty$，还是当 $x \to -\infty$，发现曲线 $f(x) = \dfrac{1}{x}$ 都与 x 轴越来越接近，即 $\lim\limits_{x \to +\infty} \dfrac{1}{x} = 0$，$\lim\limits_{x \to -\infty} \dfrac{1}{x} = 0$，所以，当 $x \to \infty$ 时，函数 $f(x)$ 的值无限趋近于一个常数 0，即 $\lim\limits_{x \to \infty} \dfrac{1}{x} = 0$.

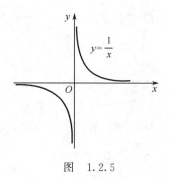

图　1.2.5

（2）从图 1.1.18 可以看出，当 $x \to +\infty$ 时，曲线 $y = \arctan x$ 无限趋于 $\dfrac{\pi}{2}$，即 $\lim\limits_{x \to +\infty} \arctan x = \dfrac{\pi}{2}$，而当 $x \to -\infty$ 时，曲线 $y = \arctan x$ 无限趋于 $-\dfrac{\pi}{2}$，即 $\lim\limits_{x \to -\infty} \arctan x = -\dfrac{\pi}{2}$，由于 $\lim\limits_{x \to +\infty} \arctan x \neq \lim\limits_{x \to -\infty} \arctan x$，所以，由定理 1 知，极限 $\lim\limits_{x \to \infty} \arctan x$ 不存在.

2. 当 $x \to x_0$ 时，函数 $f(x)$ 的极限

"$x \to x_0$"表示自变量 x 无限趋近于 x_0（不考虑 x 在 x_0 点的情况），它包含两种趋近方式：

（1）x 从 x_0 的右侧无限趋近于 x_0，记作 $x \to x_0^+$，此时有 $x > x_0$；

（2）x 从 x_0 的左侧无限趋近于 x_0，记作 $x \to x_0^-$，此时有 $x < x_0$.

定义 5　设函数 $y = f(x)$ 在点 x_0 的去心 δ 邻域，$\delta > 0$ 内有定义，当自变量 $x \to x_0$ 时，如果函数 $f(x)$ 无限趋近于某个确定的常数 A，则称 A 为函数 $f(x)$ 当 $x \to x_0$ 时的**极限**，记作

$$\lim\limits_{x \to x_0} f(x) = A \text{ 或 } f(x) \to A (x \to x_0).$$

定义 6　当 $x \to x_0^+$ 时，如果函数 $f(x)$ 无限趋近于某个确定的常数 A，则称 A 为函数 $f(x)$ 当 $x \to x_0$ 时的**右极限**，记作

$$\lim\limits_{x \to x_0^+} f(x) = A \text{ 或 } f(x_0 + 0) = A.$$

定义 7　当 $x \to x_0^-$ 时，如果函数 $f(x)$ 无限趋近于某个确定的常数 A，则称 A 为函数 $f(x)$ 当 $x \to x_0$ 时的**左极限**，记作

$$\lim\limits_{x \to x_0^-} f(x) = A \text{ 或 } f(x_0 - 0) = A.$$

左极限、右极限统称为**单侧极限**.

根据定义 5、定义 6、定义 7，容易得到极限与单侧极限的关系.

定理 2　$\lim\limits_{x \to x_0} f(x) = A$ 的充要条件是 $\lim\limits_{x \to x_0^+} f(x) = \lim\limits_{x \to x_0^-} f(x) = A$.

根据定义 5，容易得到下面结论：

$$\lim\limits_{x \to x_0} x = x_0; \lim\limits_{x \to x_0} c = c (c \text{ 为常数}).$$

从以上七种极限定义可以看出，它们是同一种模板的定义格式，都是函数 $f(x)$ 在自变量 x 的某个变化趋势下，无限地趋于某个固定常数 A，所不同的是自变量 x 或 n 的变化趋势不同.

【例 3】　求下列极限：

(1) $\lim\limits_{x \to 1}(x+1)$；　　　　　　　　(2)$\lim\limits_{x \to 1}\dfrac{x^2-1}{x-1}$.

解　(1)如图 1.2.6 所示,当 x 无限趋近于 1 时,函数 $f(x)=x+1$ 无限趋近于 2,所以有 $\lim\limits_{x \to 1}(x+1)=2$；

(2) 从图 1.2.7 可以看出,函数 $f(x)=\dfrac{x^2-1}{x-1}$ 虽然在 $x=1$ 没有定义,但 x 无论从 1 的右侧还是左侧无限趋近于 1,对应的函数 $f(x)=\dfrac{x^2-1}{x-1}$ 的值都无限趋近于 2,所以有 $\lim\limits_{x \to 1}\dfrac{x^2-1}{x-1}=2$.

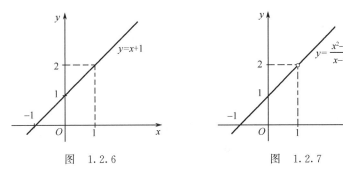

图　1.2.6　　　　　　　　　图　1.2.7

思考:(1) $\lim\limits_{x \to x_0} f(x)$是否存在与 $f(x_0)$是否存在有关系吗?

(2) 如何分析分段函数在分界点是否有极限?

【例 4】　(1) $f(x)=\begin{cases}2\ln x & \text{当 } x \geqslant 1 \\ x & \text{当 } x < 1\end{cases}$,试判断$\lim\limits_{x \to 1} f(x)$是否存在.

(2) $f(x)=\begin{cases}\mathrm{e}^x & \text{当 } x < 0 \\ 2 & \text{当 } x=0 \\ \cos x & \text{当 } x > 0\end{cases}$,试判断$\lim\limits_{x \to 0} f(x)$是否存在.

解　(1)因为 $\lim\limits_{x \to 1^-} f(x)=\lim\limits_{x \to 1^-} x=1$, $\lim\limits_{x \to 1^+} f(x)=\lim\limits_{x \to 1^+} 2\ln x=0$,所以 $\lim\limits_{x \to 1^-} f(x) \neq \lim\limits_{x \to 1^+} f(x)$,由定理 2 知$\lim\limits_{x \to 1} f(x)$不存在.

(2) 因为 $\lim\limits_{x \to 0^-} f(x)=\lim\limits_{x \to 0^-} \mathrm{e}^x=1$, $\lim\limits_{x \to 0^+} f(x)=\lim\limits_{x \to 0^+} \cos x=1$,所以 $\lim\limits_{x \to 0^-} f(x)=\lim\limits_{x \to 0^+} f(x)$,由定理 2 知$\lim\limits_{x \to 0} f(x)=1$.

习　题　1.2

1. 判断题：

(1)若函数 $f(x)$ 在某点的左极限不存在,则该函数在这点处的极限也不存在.　　　(　　)

(2)一个函数在某点处的极限值可以是一个或多个.   （   ）

(3)若 $f(x_0)=2$,但是 $f(x_0-0)=f(x_0+0)=1$,则 $\lim\limits_{x\to x_0}f(x)$ 不存在.   （   ）

(4)若 $f(x_0)$ 不存在,但是 $f(x_0-0)=f(x_0+0)=-1$,则 $\lim\limits_{x\to x_0}f(x)=-1$.   （   ）

(5) $\lim\limits_{x\to\infty}3^x$ 存在.   （   ）

2. 填空题:

(1)设函数 $f(x)=\begin{cases}x^2, & x\leqslant 1\\ 1, & x>1\end{cases}$,则 $\lim\limits_{x\to 1^-}f(x)=$ _____ , $\lim\limits_{x\to 1^+}f(x)=$ _____ , $\lim\limits_{x\to 1}f(x)$ = _____ .

(2)已知函数 $f(x)=\begin{cases}e^x, & x\leqslant 0\\ a, & x>0\end{cases}$,若 $\lim\limits_{x\to 0}f(x)$ 存在,则 $a=$ _____ .

(3)函数 $f(x)$ 在 $x=x_0$ 点的极限存在,则 $\lim\limits_{x\to x_0^-}f(x)$ 存在, $\lim\limits_{x\to x_0^+}f(x)$ 也存在,并且它们二者必定 _____ .

(4)当 $f(x_0)$ 不存在时,但 $\lim\limits_{x\to x_0^-}f(x)=\lim\limits_{x\to x_0^+}f(x)=A$,则 $\lim\limits_{x\to x_0}f(x)=$ _____ .

3. 下列函数的极限是否存在,若存在,求出极限.

(1) $\lim\limits_{n\to\infty}\dfrac{3n-(-1)^n}{n}$;   (2) $\lim\limits_{n\to\infty}\cos\dfrac{n\pi}{3}$;

(3) $\lim\limits_{x\to -3}\dfrac{x^2-9}{x+3}$ (4) $\lim\limits_{x\to +\infty}\ln x$.

4. 设函数 $f(x)=\begin{cases}e^x-1 & x<0\\ \dfrac{\pi}{4} & x=0\\ \arctan x & x>0\end{cases}$,下列极限是否存在,若存在,求出极限.

(1) $\lim\limits_{x\to -\infty}f(x)$;   (2) $\lim\limits_{x\to 0}f(x)$;   (3) $\lim\limits_{x\to 1}f(x)$;

(4) $\lim\limits_{x\to +\infty}f(x)$;   (5) $\lim\limits_{x\to\infty}f(x)$.

1.3　极限的运算法则

在求一些较复杂的函数的极限时,有时需要用到极限的四则运算法则或复合函数的极限运算法则.

1.3.1　极限的四则运算法则

由于数列是一种特殊的函数,所以以下法则对数列极限也适用.

定理 1 设 $\lim\limits_{x \to a} f(x) = A$，$\lim\limits_{x \to a} g(x) = B$，则

(1) $\lim\limits_{x \to a}[f(x) \pm g(x)] = \lim\limits_{x \to a} f(x) \pm \lim\limits_{x \to a} g(x) = A \pm B$；

(2) $\lim\limits_{x \to a}[f(x) \cdot g(x)] = \lim\limits_{x \to a} f(x) \cdot \lim\limits_{x \to a} g(x) = A \cdot B$.

特别地，有

$$\lim\limits_{x \to a}[Cf(x)] = C \cdot \lim\limits_{x \to a} f(x) = C \cdot A \quad (C \text{ 为常数}),$$

$$\lim\limits_{x \to a} f^m(x) = \left[\lim\limits_{x \to a} f(x)\right]^m = A^m \quad (m \text{ 为正整数}).$$

(3) $\lim\limits_{x \to a} \dfrac{f(x)}{g(x)} = \dfrac{\lim\limits_{x \to a} f(x)}{\lim\limits_{x \to a} g(x)} = \dfrac{A}{B} \quad (B \neq 0)$.

注意

① 定理 1 对自变量的如 1.2.2 节所述的七种变化趋势均成立；

② 定理 1 中的法则(1)和法则(2)可推广到有限个函数的情形，但法则要求参与运算的各个函数的极限都存在；

③ 极限的四则运算法则表明：在参与四则运算的各个函数的极限存在的条件下，极限运算与函数运算可以交换次序；若不满足条件，则不能直接用法则计算极限.

【例 1】 求下列极限：

(1) $\lim\limits_{x \to 1}(3x^4 - 5x^2 + x + 2)$；   (2) $\lim\limits_{x \to 2} \dfrac{2x^2 - 3x + 1}{3x - 5}$.

解 (1) 原式 $= 3(\lim\limits_{x \to 1} x)^4 - 5(\lim\limits_{x \to 1} x)^2 + \lim\limits_{x \to 1} x + 2 = 1$；

(2) 因为分子、分母的极限都存在，且分母的极限不为零，所以

$$原式 = \frac{\lim\limits_{x \to 2}(2x^2 - 3x + 1)}{\lim\limits_{x \to 2}(3x - 5)} = \frac{2(\lim\limits_{x \to 2} x)^2 - 3\lim\limits_{x \to 2} x + 1}{3\lim\limits_{x \to 2} x - 5} = 3.$$

【例 2】 求下列极限：

(1) $\lim\limits_{x \to 2} \dfrac{x^2 - 4}{x^2 - x - 2}$；   (2) $\lim\limits_{x \to \infty} \dfrac{2x^3 - 3x + 5}{3x^3 + x^2 - 3}$；   (3) $\lim\limits_{x \to 2}\left(\dfrac{1}{x - 2} - \dfrac{4}{x^2 - 4}\right)$.

解 (1) 当 $x \to 2$ 时，分子、分母的极限都是零，称为 "$\dfrac{0}{0}$" 型的未定式极限，由于不满足商的极限运算法则，不能直接用运算法则求极限，应当恒等变形. 注意到 $x \to 2$ 时，$x \neq 2$，即 $x - 2 \neq 0$，可以分子、分母因式分解，消去分母的零因子 $(x - 2)$，所以

$$原式 = \lim\limits_{x \to 2} \frac{(x - 2)(x + 2)}{(x - 2)(x + 1)} = \lim\limits_{x \to 2} \frac{x + 2}{x + 1} = \frac{4}{3}.$$

(2) 当 $x \to \infty$ 时，分子、分母的极限都是无穷大，称为 "$\dfrac{\infty}{\infty}$" 型的未定式极限，不能应用商的

极限运算法则,应当恒等变形.注意到 $x \to \infty$ 时,$\dfrac{1}{x} \to 0$,可以分子、分母同除以 x^3,然后再应用极限的四则运算法则,所以

$$原式 = \lim_{x \to \infty} \frac{2 - \dfrac{3}{x^2} + \dfrac{5}{x^3}}{3 + \dfrac{1}{x} - \dfrac{3}{x^2}} = \frac{\lim\limits_{x \to \infty}\left(2 - \dfrac{3}{x^2} + \dfrac{5}{x^3}\right)}{\lim\limits_{x \to \infty}\left(3 + \dfrac{1}{x} - \dfrac{3}{x^3}\right)}$$

$$= \frac{\lim\limits_{x \to \infty} 2 - \lim\limits_{x \to \infty}\dfrac{3}{x^2} + \lim\limits_{x \to \infty}\dfrac{5}{x^3}}{\lim\limits_{x \to \infty} 3 + \lim\limits_{x \to \infty}\dfrac{1}{x} - \lim\limits_{x \to \infty}\dfrac{3}{x^3}} = \frac{2}{3}.$$

（3）当 $x \to 2$ 时,$\dfrac{1}{x-2}$ 与 $\dfrac{4}{x^2-4}$ 都是无穷大,称为"$\infty - \infty$"型的未定式极限,不能应用差的极限运算法则,应当恒等变形.可以先对函数进行通分,将原式变为"$\dfrac{0}{0}$"型的未定式极限,然后再应用题（1）的方法求极限,所以

$$原式 = \lim_{x \to 2}\left(\frac{1}{x-2} - \frac{4}{x^2-4}\right) = \lim_{x \to 2}\frac{x+2-4}{x^2-4}$$

$$= \lim_{x \to 2}\frac{x-2}{(x-2)(x+2)} = \lim_{x \to 2}\frac{1}{x+2} = \frac{1}{4}.$$

例 2(2)的一般性结论:当 $a_n \neq 0, b_m \neq 0$ 时,

$$\lim_{x \to \infty} \frac{a_0 + a_1 x + \cdots + a_n x^n}{b_0 + b_1 x + \cdots + b_m x^m} = \begin{cases} \dfrac{a_n}{b_m} & 当 n = m \\ 0 & 当 n < m \\ \infty & 当 n > m \end{cases}.$$

🪐 **注 意**

例 2 的三个极限有一个共同点:不能直接用极限的四则运算法则求极限,在此针对它们的各自特点采用相应的函数变形方法,将其化为定型极限.这种思想方法很重要.

思考:请总结例 2 的求三种未定型极限的方法,试用其思想方法求下列极限:

（1）$\lim\limits_{x \to 4} \dfrac{\sqrt{2x+1} - 3}{x - 4}$; 　　（2）$\lim\limits_{n \to \infty}\left(1 - \dfrac{1}{4} + \dfrac{1}{16} - \cdots + (-1)^{n-1}\dfrac{1}{4^{n-1}}\right)$.

【例 3】 求下列极限 $\lim\limits_{x \to 4} \dfrac{\sqrt{2x+1} - 3}{x - 4}$

解 $\quad \lim\limits_{x \to 4} \dfrac{\sqrt{2x+1} - 3}{x - 4} = \lim\limits_{x \to 4} \dfrac{(\sqrt{2x+1} - 3)(\sqrt{2x+1} + 3)}{(x-4)(\sqrt{2x+1} + 3)}$

$$= \lim_{x \to 4} \frac{2x + 1 - 9}{(x - 4)(\sqrt{2x + 1} + 3)}$$

$$= \lim_{x \to 4} \frac{2(x - 4)}{(x - 4)(\sqrt{2x + 1} + 3)}$$

$$= \lim_{x \to 4} \frac{2}{\sqrt{2x + 1} + 3}$$

$$= \frac{1}{3}$$

例 3 求解过程中用到了分子有理化,其实"有理化"是求极限常用的重要手段.

1.3.2 复合函数的极限运算法则

定理 2 设函数 $y = f(g(x))$ 由 $y = f(u)$ 与 $u = g(x)$ 复合而成,若 $\lim\limits_{x \to x_0} g(x) = u_0$,$\lim\limits_{u \to u_0} f(u) = A$,则 $\lim\limits_{x \to x_0} f(g(x)) = \lim\limits_{u \to u_0} f(u) = A$.

【例 4】 求极限 $\lim\limits_{x \to \frac{\pi}{2}} \ln(\sin x)$.

解 这是复合函数的极限,中间变量 $u = \sin x$,因为内层函数的极限 $\lim\limits_{x \to \frac{\pi}{2}} \sin x = 1$,外层函数的极限 $\lim\limits_{u \to 1} \ln u = 0$,故由定理 2,$\lim\limits_{x \to \frac{\pi}{2}} \ln(\sin x) = 0$.

习　题　1.3

1. 判断题:

(1) $\lim\limits_{x \to 2} \dfrac{x^2 - 4}{x - 2} = 0$.　　　　　　　　　　　　　　　　　　　　　(　)

(2) $\lim\limits_{x \to \infty} \dfrac{2x^2 - x + 5}{3x^3 + 2x + 1} = \dfrac{2}{3}$.　　　　　　　　　　　　　　　　　　(　)

(3) 因为当 $x \to 1$ 时,分母 $(x^2 - 1) \to 0$,所以 $\lim\limits_{x \to 1} \dfrac{x - 1}{x^2 - 1}$ 不存在.　　(　)

2. 填空题:

(1) $\lim\limits_{x \to 0} (2x + 1) = $ _____ ;

(2) $\lim\limits_{x \to 0} \dfrac{2x^3 - 4x + 5}{3x - 1} = $ _____ ;

(3) $\lim\limits_{x \to 1} \dfrac{x^2 - 2x + 5}{x^2 + 7} = $ _____ ;

(4) $\lim\limits_{x \to \infty} \dfrac{x^2 - 1}{x^3 + 2x + 3} = $ _____ ;

(5) $\lim\limits_{x \to \infty} \dfrac{3x^2 - 2x - 1}{2x^3 - x^2 + 5} = $ _____ ;

(6) $\lim\limits_{x \to \infty} \dfrac{3x^3 - 4x^2 + 2}{7x^3 + 5x^2 - 3} = $ _____ ;

(7) $\lim\limits_{x \to 0} \arctan(e^x) = $ _____ ;

(8) $\lim\limits_{x \to \infty} \dfrac{n^3 + 2n + 1}{3n^3 - 5n - 4} = $ _____ .

3. 求下列极限:

(1) $\lim\limits_{x \to -2} \dfrac{x^2 - x - 6}{x^2 - 4}$;

(2) $\lim\limits_{x \to 0} \dfrac{5x^3 + x^2 + 2x}{4x^2 - 3x}$;

(3) $\lim\limits_{x \to 4} \dfrac{x^3 - 64}{x^2 - 16}$;

(4) $\lim\limits_{x \to 5} \dfrac{\sqrt{x + 20} - 5}{x - 5}$;

(5) $\lim\limits_{x \to 2} \dfrac{x^2 - 4}{\sqrt{x + 2} - 2}$;

(6) $\lim\limits_{x \to \infty} \dfrac{(x^m + 3)(x^n + 2)}{x^{m+n} + 1}$ (m, n 是自然数);

(7) $\lim\limits_{x \to +\infty} (\sqrt{x^2 + 2x} - \sqrt{x^2 - 3x})$;

(8) $\lim\limits_{x \to 3} \left(\dfrac{4x + 15}{x^3 - 27} - \dfrac{1}{x - 3} \right)$;

(9) $\lim\limits_{n \to \infty} \dfrac{2 + 4 + \cdots + 2n}{n^2}$;

(10) $\lim\limits_{n \to \infty} \left(1 + \dfrac{1}{3} + \dfrac{1}{9} + \cdots + \dfrac{1}{3^n} \right)$;

(11) $\lim\limits_{x \to 0} 3^{\ln(x^2 + 1) + 2}$.

1.4 两个重要极限

在函数的极限中,有两个重要极限

$$\lim_{x \to 0} \frac{\sin x}{x} = 1, \qquad \lim_{x \to \infty} \left(1 + \frac{1}{x} \right)^x = e.$$

1. 第一重要极限 $\lim\limits_{x \to 0} \dfrac{\sin x}{x} = 1$

$\lim\limits_{x \to 0} \dfrac{\sin x}{x}$ 是 "$\dfrac{0}{0}$" 型的未定式极限,通过观察表 1.4.1 及图 1.4.1,可以得出结论 $\lim\limits_{x \to 0} \dfrac{\sin x}{x} = 1$.

表 1.4.1

x	± 0.5	± 0.1	± 0.01	± 0.001	$\pm 0.000\,1$	$\cdots$	$\to 0$
$\dfrac{\sin x}{x}$	0.958 851 077 2	0.998 334 166 5	0.999 983 333 4	0.999 999 833 3	0.999 999 998 3	$\cdots$	$\to 1$

由于 $\lim\limits_{x \to 0} \dfrac{\sin x}{x} = 1$ 与 $\lim\limits_{x \to a} \dfrac{\sin f(x)}{f(x)} = 1$(其中 $x \to a \Rightarrow f(x) \to 0$)等价,所以第一重要极限的模型是:

$\lim\limits_{x \to a} \dfrac{\sin f(x)}{f(x)} = 1$(其中 $x \to a \Rightarrow f(x) \to 0$).

例如,因为有 $x \to \infty$ 使得 $\dfrac{1}{x} \to 0$,所以 $\lim\limits_{x \to \infty} x \sin \dfrac{1}{x}$

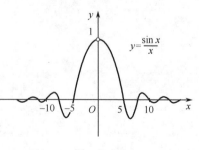

图 1.4.1

$= \lim\limits_{x \to \infty} \dfrac{\sin \dfrac{1}{x}}{\dfrac{1}{x}} = 1$;因为有 $x \to 2$ 使得 $x - 2 \to 0$,所以

$$\lim_{x \to 2} \frac{\sin(x-2)}{x-2} = 1.$$

【例 1】　求下列极限：

(1) $\lim\limits_{x \to 0} \dfrac{2x}{\sin x}$；

(2) $\lim\limits_{x \to 2} \dfrac{\sin(x-2)}{x^2-4}$；

(3) $\lim\limits_{x \to 0} \dfrac{\arcsin x}{x}$；

(4) $\lim\limits_{x \to 0} \dfrac{1-\cos 4x}{x^2}$.

解　(1) 原式 $= \lim\limits_{x \to 0} \dfrac{2}{\dfrac{\sin x}{x}} = \dfrac{\lim\limits_{x \to 0} 2}{\lim\limits_{x \to 0} \dfrac{\sin x}{x}} = \dfrac{2}{1} = 2$；

(2) 原式 $= \lim\limits_{x \to 2} \dfrac{\sin(x-2)}{(x-2)} \cdot \dfrac{1}{(x+2)} = \lim\limits_{x \to 2} \dfrac{\sin(x-2)}{(x-2)} \cdot \lim\limits_{x \to 2} \dfrac{1}{x+2} = 1 \times \dfrac{1}{4} = \dfrac{1}{4}$；

(3) 令 $u = \arcsin x$，则 $x = \sin u$ 因为 $x \to 0$ 使得 $u \to 0$，所以

$$\text{原式} = \lim_{u \to 0} \frac{u}{\sin u} = \lim_{u \to 0} \frac{1}{\dfrac{\sin u}{u}} = \frac{1}{\lim\limits_{u \to 0} \dfrac{\sin u}{u}} = 1;$$

(4) 原式 $= \lim\limits_{x \to 0} \dfrac{1-(1-2\sin^2 2x)}{x^2} = \lim\limits_{x \to 0} \left[\dfrac{\sin(2x)}{2x} \right]^2 \cdot 8 = \left(\lim\limits_{x \to 0} \dfrac{\sin 2x}{2x} \right)^2 \cdot 8 = 8.$

思考：第一重要极限的特征是什么？何时用第一重要极限求极限？

2. 第二重要极限 $\lim\limits_{x \to \infty} \left(1 + \dfrac{1}{x} \right)^x = e$

$\lim\limits_{x \to \infty} \left(1 + \dfrac{1}{x} \right)^x$ 是"1^∞"型的未定式极限，通过观察表 1.4.2 及图 1.4.2，可得出结论 $\lim\limits_{x \to \infty} \left(1 + \dfrac{1}{x} \right)^x = e$.

表　1.4.2

x	1	2	4	10	100	1 000	10 000	...	$\to \infty$
$\left(1+\dfrac{1}{x}\right)^x$	2.000 0	2.250 0	2.441 4	2.593 7	2.704 8	2.716 9	2.718 1	...	$\to e$
x	−1.5	−2	−4	−10	−100	−1 000	−10 000	...	$\to -\infty$
$\left(1+\dfrac{1}{x}\right)^x$	5.196 2	4.000 0	3.160 5	2.868 0	2.732 0	2.719 6	2.718 4	...	$\to e$

由于 $\lim\limits_{x \to \infty} \left(1 + \dfrac{1}{x} \right)^x = e$ 与 $\lim\limits_{x \to a} [1 + f(x)]^{\frac{1}{f(x)}} = e$（其中 $x \to a \Rightarrow f(x) \to 0$）等价，所以第二重要极限的模型是：$\lim\limits_{x \to a} [1 + f(x)]^{\frac{1}{f(x)}} = e$（其中 $x \to a \Rightarrow f(x) \to 0$）.

【例 2】　求下列极限：

(1) $\lim\limits_{x \to \infty} \left(1 + \dfrac{1}{2x} \right)^x$；

(2) $\lim\limits_{x \to 0} (1+x)^{\frac{1}{x}-3}$；

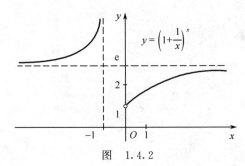

图　1.4.2

(3) $\lim\limits_{x \to \pi}(1-2\tan x)^{\cot x}$.

解 （1）原式$=\lim\limits_{x \to \infty}\left[\left(1+\dfrac{1}{2x}\right)^{2x}\right]^{\frac{1}{2}}=\left[\lim\limits_{x \to \infty}\left(1+\dfrac{1}{2x}\right)^{2x}\right]^{\frac{1}{2}}=e^{\frac{1}{2}}$；

（2）原式$=\lim\limits_{x \to 0}(1+x)^{\frac{1}{x}-3}=\lim\limits_{x \to 0}\dfrac{(1+x)^{\frac{1}{x}}}{(1+x)^3}=\dfrac{\lim\limits_{x \to 0}(1+x)^{\frac{1}{x}}}{\lim\limits_{x \to 0}(1+x)^3}=\dfrac{e}{1}=e$；

（3）原式$=\lim\limits_{x \to \pi}\left[(1-2\tan x)^{\frac{1}{-2\tan x}}\right]^{(-2)}=\left[\lim\limits_{x \to \pi}(1-2\tan x)^{-\frac{1}{2\tan x}}\right]^{(-2)}=e^{-2}$；

思考： 第二重要极限的特征是什么？何时用第二重要极限求极限？

⚲ 注意

计算未定型极限，思想相同，方法不同．利用在第3章中介绍的洛必达法则，求解未定型极限更方便．

习　题　1.4

1. 判断题：

(1) $\lim\limits_{x \to 0}\left(1+\dfrac{1}{x}\right)^x=e$.　　　　　　　　　　　　　　　　　　　　　（　　）

(2) $\lim\limits_{x \to 0}\dfrac{\sin 5x}{\sin 3x}=\dfrac{5}{3}$.　　　　　　　　　　　　　　　　　　　　　（　　）

(3) $\lim\limits_{x \to 0}\dfrac{\arcsin x}{x}$极限不存在.　　　　　　　　　　　　　　　　　（　　）

2. 填空题：

(1) $\lim\limits_{x \to 0}\dfrac{\sin 10x}{x}=$＿＿＿＿＿；　　　　　(2) $\lim\limits_{x \to 0}\dfrac{\tan 2x}{3x}=$＿＿＿＿＿；

(3) $\lim\limits_{x \to \infty}\left(1+\dfrac{1}{4x}\right)^x=$＿＿＿＿＿；　　　　(4) $\lim\limits_{x \to \infty}\left(1-\dfrac{3}{2x}\right)^x=$＿＿＿＿＿；

(5) $\lim\limits_{x\to\infty}\left(1+\dfrac{1}{x-1}\right)^{x}=$ _____；　　　　(6) $\lim\limits_{x\to 0}(1-x)^{\frac{1}{x}}=$ _____.

3. 选择题：

(1) 下列式子中，正确的是(　　).

A. $\lim\limits_{x\to 1}\dfrac{\sin x}{x}=1$　　　B. $\lim\limits_{x\to 0}\dfrac{\sin x}{x}=0$　　　C. $\lim\limits_{x\to 0}\dfrac{x}{\sin x}=1$　　　D. $\lim\limits_{x\to 0}\dfrac{\sin 2x}{x}=1$

(2) 已知 $\lim\limits_{x\to\infty}\left(1-\dfrac{a}{x}\right)^{3x}=\mathrm{e}^{-6}$，则 $a=$ (　　).

A. 1　　　　　　　B. 2　　　　　　　C. 3　　　　　　　D. 4

(3) 极限 $\lim\limits_{n\to\infty}\left(\dfrac{n-3}{2n-1}\right)^{2}=$ (　　).

A. 0　　　　　　　B. $\dfrac{1}{4}$　　　　　　　C. $\dfrac{1}{2}$　　　　　　　D. ∞

4. 计算下列极限：

(1) $\lim\limits_{x\to\infty}x^{2}\sin\dfrac{2}{x^{2}}$；

(2) $\lim\limits_{x\to 0}\dfrac{\sin mx}{\sin kx}$，$k\neq 0$；

(3) $\lim\limits_{x\to 2}\dfrac{\sin(x-2)}{x^{3}-8}$；

(4) $\lim\limits_{x\to 0}\dfrac{1-\cos x}{x\ \sin x}$；

(5) $\lim\limits_{x\to\infty}\left(1+\dfrac{2}{x}\right)^{3x}$；

(6) $\lim\limits_{x\to\infty}\left(1-\dfrac{5}{x}\right)^{2x+3}$；

(7) $\lim\limits_{x\to 0}(1+\tan x)^{2\cot x}$；

(8) $\lim\limits_{x\to 0}(1-2\sin x)^{\csc x}$；

(9) $\lim\limits_{x\to\infty}\left(\dfrac{x+1}{x-1}\right)^{x}$；

(10) $\lim\limits_{x\to 0}\left(\dfrac{2+x}{2-x}\right)^{\frac{1}{x}}$.

1.5　无穷小与无穷大

历史上曾经有数学家想把无穷小作为微积分的基础，但最终还是以极限作为了微积分的基础. 那么什么是无穷小呢？它与极限有什么关系呢？

1.5.1　无穷小

我们经常遇到极限是零的变量，如单摆偏离平衡位置的角度 θ 是时间 t 的函数 $\theta(t)$，且有 $\lim\limits_{t\to\infty}\theta(t)=0$.

1. 无穷小的概念

定义 1　如果当 $x\to a$ 时，函数 $f(x)$ 以零为极限，则称当 $x\to a$ 时函数 $f(x)$ 是**无穷小量**，简称**无穷小**，记作 $\lim\limits_{x\to a}f(x)=0$.

这里 $x\to a$ 可以是自变量 x 的七种变化趋势中的一种.

💡 **注意**

① 说一个函数是无穷小,必须伴随着自变量的变化趋势.例如,因为 $\lim\limits_{x \to 1} \sin(x-1) = 0$,$\lim\limits_{x \to 0} \sin(x-1) \neq 0$,所以,当 $x \to 1$ 时,$\sin(x-1)$ 是无穷小,但当 $x \to 0$ 时,$\sin(x-1)$ 就不是无穷小.

② 无穷小与"很小的正数"有本质区别.因为"很小的正数"(如 $\dfrac{1}{10^{100}}$)是常数,$\lim\limits_{x \to a} \dfrac{1}{10^{100}} = \dfrac{1}{10^{100}} \neq 0$,故一个"很小的正数"不是无穷小;又因为常数 0 的极限是 0,所以在常数中,只有 0 是无穷小.

【**例 1**】 下列函数中,自变量怎样变化时是无穷小?

(1) $y = x - 3$；   (2) $y = \dfrac{1}{x-4}$；   (3) $y = 3^x$；   (4) $y = \cos x$.

解 考察当 $y \to 0$ 时,要求自变量 x 应当有怎样的变化趋势:

(1) 因为 $y \to 0$ 要求 $x \to 3$,故当 $x \to 3$ 时,$y = x - 3$ 是无穷小;

(2) 因为 $y \to 0$ 要求 $x \to \infty$,故当 $x \to \infty$ 时,$y = \dfrac{1}{x-4}$ 是无穷小;

(3) 因为 $y \to 0$ 要求 $x \to -\infty$,故当 $x \to -\infty$ 时,$y = 3^x$ 是无穷小;

(4) 因为 $y \to 0$ 要求 $x \to k\pi + \dfrac{\pi}{2}$,$k$ 是整数,故当 $x \to k\pi + \dfrac{\pi}{2}$,$k \in \mathbf{Z}$ 时,$y = \cos x$ 是无穷小.

2. 无穷小的性质

性质 1 有限个无穷小的和、差、积仍然是无穷小;

性质 2 有界函数与无穷小的乘积仍然是无穷小.

【**例 2**】 求 $\lim\limits_{x \to 0} x^2 \sin \dfrac{1}{x}$.

解 因为 $\lim\limits_{x \to 0} x^2 = 0$,所以当 $x \to 0$ 时,x^2 是无穷小,虽然 $\sin \dfrac{1}{x}$ 在 $[-1,1]$ 振荡,但 $\left| \sin \dfrac{1}{x} \right| \leqslant 1$,所以 $\sin \dfrac{1}{x}$ 是有界函数.根据性质 2 有,当 $x \to 0$ 时,$x^2 \sin \dfrac{1}{x}$ 是无穷小,即

$$\lim\limits_{x \to 0} x \sin \dfrac{1}{x} = 0.$$

3. 无穷小与函数极限的关系

定理 1 在自变量 $x \to a$ 的变化趋势下,函数 $f(x)$ 以 A 为极限的充要条件是 $f(x) = A + \alpha$,其中 $\lim\limits_{x \to a} \alpha = 0$.其中 α 是 $\alpha(x)$ 的简写,即 $\lim\limits_{x \to a} \alpha(x) = 0$.

此定理说明:当 $x \to a$ 时,函数可以表示为它的极限值与某个无穷小的和.

1.5.2　无穷大

有一类变量,从变化的过程看也有一定的趋势,但不是趋于某个常数,而是在变化过程下其绝对值无限增大,如 $x \to \dfrac{\pi}{2}$ 时,$y = \tan x$ 的绝对值 $|\tan x|$ 无限增大,如图 1.1.14 所示.

1. 无穷大的概念

定义 2　如果当 $x \to a$ 时,函数 $f(x)$ 的绝对值无限增大,则称当 $x \to a$ 时 $f(x)$ 是**无穷大量**,简称**无穷大**,记作 $\lim\limits_{x \to a} f(x) = \infty$.

😀 **注　意**

① 说一个函数是无穷大,必须伴随着自变量的变化趋势.例如,因为 $\lim\limits_{x \to 1} \dfrac{1}{x-1} = \infty$,$\lim\limits_{x \to \infty} \dfrac{1}{x-1} = 0$,所以当 $x \to 1$ 时,$\dfrac{1}{x-1}$ 是无穷大,而当 $x \to \infty$ 时,$\dfrac{1}{x-1}$ 却是无穷小.

② $\lim\limits_{x \to a} f(x) = \infty$ 只是函数 $f(x)$ 当 $x \to a$ 时的一种变化趋势,按照极限的定义,函数 $f(x)$ 在 $x \to a$ 时没有极限.这里的 ∞ 不是数,是一个符号,不能参与四则运算.

③ 无穷大与“绝对值很大的数”有本质区别.因为“绝对值很大的数”(如 10^{100} 或 -10^{100})是常数,且 $\lim\limits_{x \to a} 10^{100} = 10^{100}$,$\lim\limits_{x \to a} -10^{100} = -10^{100}$,故一个“绝对值很大的数”不是无穷大.

【**例 3**】　下列函数中,自变量怎样变化时是无穷小,自变量怎样变化时是无穷大?

(1) $y = \dfrac{x+3}{x-4}$;　　　(2) $y = \left(\dfrac{3}{4}\right)^x$;　　　(3) $y = \ln(x+1)$.

解　(1) 当 $x \to 4$ 时,函数 $y = \dfrac{x+3}{x-4}$ 的绝对值 $\left|\dfrac{x+3}{x-4}\right|$ 无限增大,所以当 $x \to 4$ 时,函数 $y = \dfrac{x+3}{x-4}$ 是无穷大;当 $x \to -3$ 时,函数 $y = \dfrac{x+3}{x-4} \to 0$,所以当 $x \to -3$ 时,函数 $y = \dfrac{x+3}{x-4}$ 是无穷小;

(2) 当 $x \to -\infty$ 时,函数 $y = \left(\dfrac{3}{4}\right)^x$ 的绝对值 $\left(\dfrac{3}{4}\right)^x$ 无限增大,所以当 $x \to -\infty$ 时,函数 $y = \left(\dfrac{3}{4}\right)^x$ 是无穷大;当 $x \to +\infty$ 时,函数 $y = \left(\dfrac{3}{4}\right)^x \to 0$,当 $x \to +\infty$ 时,函数 $y = \left(\dfrac{3}{4}\right)^x$ 是无穷小;

(3) 当 $x \to -1^+$ 或 $x \to +\infty$ 时,函数 $y = \ln(x+1)$ 的绝对值 $|\ln(x+1)|$ 无限增大,所以当 $x \to -1^+$ 时,$y = \ln(x+1)$ 是无穷大,当 $x \to +\infty$ 时,$y = \ln(x+1)$ 是无穷大,当 $x \to 0$ 时,函数 $y = \ln(x+1) \to 0$,所以当 $x \to 0$ 时,函数 $y = \ln(x+1)$ 是无穷小.

2. 无穷小与无穷大的关系

前面提到，函数 x 在 $x \to 0$ 时是无穷小，而它的倒数 $\dfrac{1}{x}$ 在 $x \to 0$ 时却是无穷大；当 $x \to -\infty$ 时，函数 e^{-x} 在 $x \to -\infty$ 时是无穷大，而它的倒数 e^x 在 $x \to -\infty$ 时却是无穷小．

一般地，无穷小与无穷大之间有如下定理 2 所描述的关系：

定理 2　在自变量的某一变化过程中，如果 $f(x)$ 是无穷小，且 $f(x) \neq 0$，则 $\dfrac{1}{f(x)}$ 是无穷大；反之，如果 $f(x)$ 是无穷大，则 $\dfrac{1}{f(x)}$ 是无穷小．

【例 4】　求极限 $\lim\limits_{x \to \infty}(4x^5 + 5x^2 + 1)$．

解　$\lim\limits_{x \to \infty} \dfrac{1}{4x^5 + 5x + 1} = 0$．由无穷小的倒数是无穷大，可知 $\lim\limits_{x \to \infty}(4x^5 - 5x^2 + 1) = \infty$，说明极限不存在．

1.5.3　无穷小阶的比较

在 $x \to a$ 时，两个无穷小 α, β 的和、差、积仍然是无穷小．但是两个无穷小的商却会出现不同的结果．例如，函数 $\sin x, x, -3x, 4x^3$ 当 $x \to 0$ 时，它们都是无穷小，但是 $\lim\limits_{x \to 0} \dfrac{\sin x}{x} = 1$，$\lim\limits_{x \to 0} \dfrac{4x^3}{-3x} = 0$，$\lim\limits_{x \to 0} \dfrac{-3x}{4x^3} = \infty$，$\lim\limits_{x \to 0} \dfrac{-3x}{x} = -3$，原因是什么？请看表 1.5.1，当 $x \to 0$ 时，观察它们趋于零的变化快慢程度．

观察表 1.5.1，当 x 越来越接近零时，$\sin x$ 与 x 趋于零的快慢程度几乎一样，x 与 $-3x$ 趋于零的快慢程度差不多一样，$4x^3$ 比 $-3x$ 更快地趋向零，即 $-3x$ 比 $4x^2$ 较慢地趋向零，为了刻画观察到的这种现象的本质，接下来学习无穷小量阶的比较．

表　1.5.1

x	0.1	0.01	0.001	…	$\to 0$
$\sin x$	0.099 8	0.01	0.001	…	$\to 0$
$-3x$	-0.3	-0.03	-0.003	…	$\to 0$
$4x^3$	0.004	0.000 004	0.000 000 004	…	$\to 0$

定义 3　设 α, β 是当自变量 $x \to a$ 时的两个无穷小，且 $\beta \neq 0$．

(1) 如果 $\lim\limits_{x \to a} \dfrac{\alpha}{\beta} = 0$，则称当 $x \to a$ 时，α 是比 β **高阶的无穷小**，也称 β 是比 α **低阶的无穷小**，记作 $\alpha = o(\beta)(x \to a)$；

(2) 如果 $\lim\limits_{x \to a} \dfrac{\alpha}{\beta} = A\ (A \neq 0, 1)$，则称当 $x \to a$ 时，α 与 β 是**同阶的**或**等阶的无穷小**；特别地，当 $A = 1$ 时，称当 $x \to a$ 时 α 与 β 是**等价无穷小**，记作 $\alpha \sim \beta(x \to a)$．

> ⊙ **注 意**
>
> 　　记号"$\alpha = o(\beta)$ $(x \to a)$"并不意味着 α,β 的数量之间有什么相等关系,它仅表示 α,β 是 $x \to a$ 时的无穷小,且 α 是比 β 高阶的无穷小.

【例 5】　比较下列各组无穷小的阶的高低.

(1) 当 $x \to 0$ 时, $2x - 3x^2$ 与 $x^2 + 2x^3$;

(2) 当 $x \to \infty$ 时, $\ln\left(1 + \dfrac{1}{x}\right)$ 与 $\dfrac{1}{x}$;

(3) 当 $x \to 0$ 时, $\sin 2x$ 与 $\sin 6x$.

解　(1) 当 $x \to 0$ 时,因为 $2x - 3x^2 \to 0$ 与 $x^2 + 2x^3 \to 0$ 且

$$\lim_{x \to 0} \frac{x^2 + 2x^3}{2x - 3x^2} = \lim_{x \to 0} \frac{x + 2x^2}{2 - 3x} = 0,$$

所以,当 $x \to 0$ 时, $2x - 3x^2$ 是比 $x^2 + 2x^3$ 低阶的无穷小(也称 $x^2 + 2x^3$ 是比 $2x - 3x^2$ 高阶的无穷小);

(2) 当 $x \to \infty$ 时,因为 $\ln\left(1 + \dfrac{1}{x}\right) \to 0$ 与 $\dfrac{1}{x} \to 0$,且

$$\lim_{x \to \infty} \frac{\ln\left(1 + \dfrac{1}{x}\right)}{\dfrac{1}{x}} = \lim_{x \to \infty} \ln\left(1 + \frac{1}{x}\right)^x = \ln\left[\lim_{x \to \infty}\left(1 + \frac{1}{x}\right)^x\right] = \ln e = 1,$$

所以,当 $x \to \infty$ 时, $\ln\left(1 + \dfrac{1}{x}\right)$ 与 $\dfrac{1}{x}$ 是等价的无穷小;

(3) 当 $x \to 0$ 时,因为 $\sin 2x \to 0$ 与 $\sin 6x \to 0$,且

$$\lim_{x \to 0} \frac{\sin 2x}{\sin 6x} = \lim_{x \to 0} \frac{\dfrac{\sin 2x}{2x} \cdot 2}{\dfrac{\sin 6x}{6x} \cdot 6} = \frac{1}{3},$$

所以,当 $x \to 0$ 时, $\sin 2x$ 与 $\sin 6x$ 是同阶的无穷小.

习　题　1.5

1. 判断题:

(1) 非常小的数是无穷小.　　　　　　　　　　　　　　　　　　　　(　　)

(2) 零是无穷小.　　　　　　　　　　　　　　　　　　　　　　　　(　　)

(3) 无穷小与有界函数的乘积还是无穷小.　　　　　　　　　　　　　(　　)

(4) 两个无穷小的商是无穷小.　　　　　　　　　　　　　　　　　　(　　)

(5)两个无穷大的和一定是无穷大. （　　）

2. 下列函数中在自变量的变化过程下是无穷小还是无穷大?

(1) $f(n)=(-1)^n \dfrac{1}{n^3}(n \to \infty)$;　　(2) $f(x)=1+\cos 2x\left(x \to \dfrac{\pi}{2}\right)$;

(3) $f(x)=\csc x(x \to 0)$;　　(4) $f(x)=\dfrac{\sin x}{x}(x \to \infty)$.

3. 下列函数中,自变量怎样变化时是无穷小,自变量怎样变化时是无穷大?

(1) $y=x^3$;　　(2) $y=\dfrac{2x-3}{1-x}$;

(3) $y=\left(\dfrac{2}{3}\right)^x$;　　(4) $y=\lg(x-1)$.

4. 求下列极限:

(1) $\lim\limits_{x \to 0}x^2\cos\dfrac{1}{x}$;　　(2) $\lim\limits_{x \to \infty}\dfrac{\text{arccot } 2x}{x}$;

(3) $\lim\limits_{x \to \infty}\dfrac{3x^4-5x^2+1}{x^2+x-1}$;　　(4) $\lim\limits_{x \to 1}(x-1)\sin\dfrac{1}{x^2-1}$.

5. 当 $x \to 0$ 时,在无穷小 $\sqrt{1+x}-\sqrt{1-x}$, $\ln(1+x)$, $\sin 2x$, x^4, $\sqrt[3]{x}$ 中,哪个与无穷小 x 同阶、等价? 哪个比无穷小 x 高阶、低阶?

1.6　函数的连续性

在自然界以及我们身边中的许多现象,它们的变化虽然多种多样,但大致可分为两类:一类是连续的变化,如时间的连续变化、动物及植物生长的连续变化、气温升降的连续变化等;另一类是间断或跳跃的变化,如路口的交通信号灯的信号变化、飞机票价的变化、阶梯式电价的变化等. 本节我们讨论、描述这些变化,并介绍函数连续的一些重要结论.

1.6.1　连续性的概念

为了描述函数的连续性,我们引入函数增量的概念.

1. 函数的增量(改变量)

定义1　设函数 $y=f(x)$ 在点 x_0 的 δ 邻域 $(x_0-\delta, x_0+\delta)$ 内有定义$(\delta>0)$,当自变量 x 从初值 x_0 变化到终值 x_1 时,称 x_1-x_0 为**自变量的增量**(或自变量的改变量),记作 Δx,即 $\Delta x=x_1-x_0$;相应地,函数值也由 $f(x_0)$ 变化到 $f(x_1)$,称 $f(x_1)-f(x_0)$ 为**函数的增量**(或函数的改变量),记作 Δy,即 $\Delta y=f(x_1)-f(x_0)=f(x_0+\Delta x)-f(x_0)$.

 注意

　　Δx 可以是正值,也可以是负值;而 Δy 可能是正值或负值,还可能是零.

如图 1.6.1 和图 1.6.2 所示,观察函数 $f(x)$ 在 x_0 点连续、间断的区别.

当 Δx 趋近于零时,Δy 也趋近于零;如图 1.6.2 所示,当 Δx 逐渐变小乃至趋于零时,Δy 趋于一个不为零的定值:线段 MN 的长度 $|MN|$,即 $\lim\limits_{\Delta x \to 0} \Delta y \neq 0$.

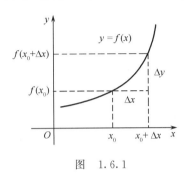

图　1.6.1

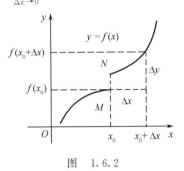

图　1.6.2

2. 函数在某点的连续性

定义 2　设函数 $y = f(x)$ 在点 x_0 的某个 δ 邻域内 $(x_0 - \delta, x_0 + \delta)$,$\delta > 0$ 内有定义,如果当自变量 x 在 x_0 处的增量 Δx 趋近于零时,相应的函数的增量 Δy 也趋近于零,即

$$\lim_{\Delta x \to 0} \Delta y = 0,$$

则称函数 $y = f(x)$ 在点 x_0 **连续**;否则称函数 $y = f(x)$ 在点 x_0 **不连续**或**间断**.

注意到 $\Delta x = x - x_0 \Leftrightarrow x = x_0 + \Delta x$,所以

$$\Delta x \to 0 \Leftrightarrow x \to x_0,$$

$$\lim_{\Delta x \to 0} \Delta y = 0 \Leftrightarrow \lim_{\Delta x \to 0} [f(x_0 + \Delta x) - f(x_0)] = 0$$

$$\Leftrightarrow \lim_{x \to x_0} [f(x) - f(x_0)] = 0$$

$$\Leftrightarrow \lim_{x \to x_0} f(x) = f(x_0),$$

于是,可以得到函数 $y = f(x)$ 在 x_0 点连续的等价定义.

定义 3　如果函数 $f(x)$ 在点 x_0 的 δ 邻域 $(x_0 - \delta, x_0 + \delta)$,$\delta > 0$ 内有定义,且 $\lim\limits_{x \to x_0} f(x) = f(x_0)$,则称函数 $f(x)$ 在点 x_0 **连续**,此时 x_0 称为**连续点**;否则称函数 $f(x)$ 在点 x_0 **间断**,此时 x_0 称为**间断点**.

如果 $\lim\limits_{x \to x_0^-} f(x) = f(x_0)$,则称函数 $f(x)$ 在 x_0 点**左连续**;如果 $\lim\limits_{x \to x_0^+} f(x) = f(x_0)$,则称函数 $f(x)$ 在 x_0 点**右连续**.

显然,函数 $f(x)$ 在点 x_0 处连续等价于 $f(x)$ 在点 x_0 处左连续且右连续.

定义 3 说明了 $f(x)$ 在点 x_0 处连续需要满足三个条件:

(1) $f(x_0)$ 存在;(2) $\lim\limits_{x \to x_0} f(x)$ 存在;(3) $\lim\limits_{x \to x_0} f(x) = f(x_0)$.

如果以上三个条件中的任何一条不被满足,则函数 $f(x)$ 在点 x_0 间断.

思考:函数 $f(x)$ 在 x_0 点连续与在 x_0 点有极限有何关系?

【例1】 讨论函数 $f(x)=\begin{cases} \dfrac{\sin x}{x} & \text{当 } x<0 \\ 0 & \text{当 } 0\leqslant x\leqslant 1 \\ 1-x^2 & \text{当 } x>1 \end{cases}$ 在点 $x=0$ 和 $x=1$ 处的连续性.

解 (1) 考虑函数 $f(x)$ 在点 $x=0$ 是否满足连续定义的三个条件：

① $f(0)=0$；② $\lim\limits_{x\to 0^-}f(x)=\lim\limits_{x\to 0^-}\dfrac{\sin x}{x}=1$，$\lim\limits_{x\to 0^+}f(x)=\lim\limits_{x\to 0^+}0=0$，所以 $\lim\limits_{x\to 0}f(x)$ 不存在；因此函数 $f(x)$ 在点 $x=0$ 处不连续.

(2) 考虑函数 $f(x)$ 在点 $x=1$ 是否满足连续定义的三个条件：

① $f(1)=0$；② $\lim\limits_{x\to 1^-}f(x)=\lim\limits_{x\to 1^-}0=0$，$\lim\limits_{x\to 1^+}f(x)=\lim\limits_{x\to 1^+}(1-x^2)=0$，所以 $\lim\limits_{x\to 1}f(x)=0$ 存在；③ $\lim\limits_{x\to 1}f(x)=f(0)$. 因此函数 $f(x)$ 在点 $x=1$ 处连续.

3. 初等函数的连续性

如果函数 $f(x)$ 在开区间 (a,b) 内的每一点都连续，则称函数 $f(x)$ 在开区间 (a,b) 内连续；如果函数 $f(x)$ 在开区间 (a,b) 内连续，且在闭区间 $[a,b]$ 的左端点 $x=a$ 处右连续，在闭区间 $[a,b]$ 的右端点 $x=b$ 处左连续，则称函数 $f(x)$ 在闭区间 $[a,b]$ 上连续.

由基本初等函数的图像及定义 3 知道，基本初等函数在其定义域内都连续.

可以证明，两个连续函数经过有限次的四则运算，有限次的复合步骤所得函数仍是连续函数. 因此，初等函数在其定义域内(定义域有孤立点集除外)都是连续的.

例如，函数 $y=\sqrt{4+3x-x^2}$ 在定义域 $[-1,4]$ 上连续；函数 $y=\dfrac{\sin x}{4+\sqrt{1+x}}$ 在定义域 $[-1,+\infty)$ 内连续.

注意

在求极限时，如果 $f(x)$ 是初等函数，且 x_0 是函数 $f(x)$ 定义域内的点，则

$$\lim_{x\to x_0}f(x)=f(x_0).$$

【例2】 求函数 $f(x)=\begin{cases} \dfrac{\ln(1+x)}{x} & \text{当 } -1<x<0 \\ 1 & \text{当 } 0\leqslant x\leqslant 1 \\ \dfrac{\sqrt{x}-1}{x-1} & \text{当 } x>1 \end{cases}$ 的连续区间.

解 函数 $f(x)$ 的定义域是 $(-1,+\infty)$，因为函数 $f(x)$ 在区间 $(-1,0)$ 的表达式 $\dfrac{\ln(1+x)}{x}$、在区间 $(-1,0)$ 内的表达式 1 以及在区间 $(1,+\infty)$ 内的表达式 $\dfrac{\sqrt{x}-1}{x-1}$ 都是初等函数，所以函数 $f(x)$ 在区间 $(-1,0)$，$(0,1)$，$(1,+\infty)$ 内连续，下面只需分析函数 $f(x)$ 在点

$x=0,x=1$ 处的连续性.

因为 $\lim\limits_{x \to 0^-} f(x) = \lim\limits_{x \to 0^-} \dfrac{\ln(1+x)}{x} = \lim\limits_{x \to 0^-} \ln(1+x)^{\frac{1}{x}} = \ln \mathrm{e} = 1$, $\lim\limits_{x \to 0^+} f(x) = 1$, 故 $\lim\limits_{x \to 0} f(x) = 1$,

满足 $\lim\limits_{x \to 0} f(x) = f(0)$, 所以函数 $f(x)$ 在点 $x=0$ 处连续.

因为 $\lim\limits_{x \to 1^-} f(x) = 1$, $\lim\limits_{x \to 1^+} \dfrac{\sqrt{x}-1}{x-1} = \lim\limits_{x \to 1^+} \dfrac{\sqrt{x}-1}{(\sqrt{x}-1)(\sqrt{x}+1)} = \lim\limits_{x \to 1^+} \dfrac{1}{(\sqrt{x}+1)} = \dfrac{1}{2}$, $\lim\limits_{x \to 1} f(x)$

不存在, 所以 $f(x)$ 在点 $x=1$ 处不连续.

综上所述, 函数 $f(x)$ 的连续区间是 $(-1,1) \bigcup (1,+\infty)$.

1.6.2 闭区间上连续函数的性质

性质 1(最大值最小值定理) 若函数 $y=f(x)$ 在闭区间 $[a,b]$ 上连续, 则它在区间 $[a,b]$ 上必有最大值 M 和最小值 m.

如图 1.6.3 所示, $f(x)$ 在 $[a,b]$ 上连续, $f(x)$ 在点 x_1 处取得最大值 M, 在点 x_2 处取得最小值 m.

性质 2(介值定理) 若函数 $y=f(x)$ 在闭区间 $[a,b]$ 上连续, M 和 m 分别是 $f(x)$ 在 $[a,b]$ 上的最大值和最小值, 则对介于 m 与 M 之间的任一实数 η, 在 (a,b) 内至少存在一点 ξ, 使得 $f(\xi)=\eta$.

如图 1.6.4 所示, 对于任意的实数 $\eta (m < \eta < M)$, 直线 $y=\eta$ 与连续曲线 $y=f(x)$ 至少有一个交点, 若交点的横坐标为 ξ, 则有 $f(\xi)=\eta$.

性质 3(零点定理) 若函数 $y=f(x)$ 在闭区间 $[a,b]$ 上连续, 且 $f(x)$ 在区间两端点的函数值异号, 即 $f(a) \cdot f(b) < 0$, 则在开区间 (a,b) 内至少有一点 ξ, 使得 $f(\xi)=0$.

如图 1.6.5 所示, 闭区间 $[a,b]$ 上的连续曲线 $y=f(x)$, $f(a)>0$, $f(b)<0$, 曲线与 x 轴相交于 ξ 点, 即 $f(\xi)=0$.

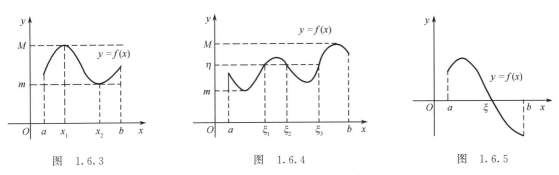

图 1.6.3   图 1.6.4   图 1.6.5

【例 3】 证明方程 $x^4 - 4x = 1$ 至少在区间 $(1,2)$ 内有一个实数根.

解 函数 $f(x) = x^4 - 4x - 1$ 在闭区间 $[1,2]$ 上连续, 且 $f(1) = -4 < 0$, $f(2) = 7 > 0$. 根据零点定理, 函数 $f(x)$ 在区间 $(1,2)$ 内至少有一点 ξ, 使得 $f(\xi) = 0$, 即 $\xi^4 - 4\xi - 1 = 0$, 于是证

得方程 $x^4 - 4x = 1$ 至少在区间 $(1,2)$ 内有一个实数根 ξ.

习 题 1.6

1. 下列函数在指定点是否连续？

(1) $f(x) = \dfrac{x^2 - 9}{x - 3}$ 在 $x = 3$ 点；

(2) $f(x) = \begin{cases} \ln x, & 0 < x < 2 \\ \mathrm{e}, & x = 2 \\ (3 - x)^{\frac{1}{2 - x}}, & x > 2 \end{cases}$ 在 $x = 2$ 点；

(3) $f(x) = \begin{cases} 2^x, & x < 0 \\ 1 - \sqrt[3]{x}, & x \geqslant 0 \end{cases}$ 在 $x = 0$ 点；

(4) $f(x) = \begin{cases} \tan x, & x \leqslant 0 \\ x \sin \dfrac{1}{x}, & x > 0 \end{cases}$ 在 $x = 0$ 点.

2. 设函数

$$f(x) = \begin{cases} \dfrac{\sin x}{x}, & x < 0 \\ a^2 - x, & x \geqslant 0 \end{cases}$$

在点 $x = 0$ 处连续，问此时 a 是多少？

3. 设函数

$$f(x) = \begin{cases} x \cos \dfrac{1}{x}, & x < 0 \\ \ln(1 - x), & 0 \leqslant x < 1 \\ x^2 - 1, & x \geqslant 1 \end{cases}$$

求函数 $f(x)$ 的连续区间.

4. 证明方程 $2x^4 - 4x = 5$ 在闭区间 $[-1,0]$ 上至少有一个实根。

5. 验证曲线 $y = 3^x - 5x$ 在 $x = 0, x = 1$ 之间与 x 轴至少有一个交点。

1.7 用 MATLAB 求函数的极限

为了更好地了解函数的特点,我们常常需要画出函数的图形,需要了解函数在自变量的某种趋势下的极限,但是有的函数比较复杂,这时可以借助于 MATLAB 软件来绘制函数的图形以及求函数的极限.

1.7.1 绘制一元函数的图像

绘制一元函数图像的命令如表 1.7.1 所示.

表 1.7.1

命　令	说　　明
plot(x,y)	作一元函数 $y = f(x)$ 的图像
fplot('fun',[a,b])	在区间 $[a,b]$ 上作函数 fun(函数表达式)的图像

【例 1】　在同一个坐标系下画出两条曲线 $y = \sin x$ 和 $y = \cos x$ 在 $[0,2\pi]$ 上的图像.

解　方法一：

>> fplot('[sin(x),cos(x)]',[0,2 * pi]);

按 Shift＋Enter 键,

% 同一坐标系下,在 $[0,2\pi]$ 上绘制曲线 $y = \sin x$ 和 $y = \cos x$ 的图像

legend('y = sinx','y = cosx');　　% 图像注解

按 Enter 键,图像如图 1.7.1 所示.

方法二：

>> x = 0:0.01:2 * pi; % 在 x 轴的 $[0,2\pi]$ 上每隔 0.01 间隔取 x 点

>> plot(x,sin(x),'r',x,cos(x),'b');

按 Shift + Enter 键,

% 用红色绘制 $y = \sin x$ 的图像,用蓝色绘制 $y = \cos x$ 的图像(默认颜色:蓝色、绿色、颜色、线型、标记符号选项见附录 A.3 中表 A.3.1)

legend('y = sinx','y = cosx');　　　% 图像注解

按 Enter 键,图像如图 1.7.1 所示.

图像完成后,可用 axis($[x\min,x\max,y\min,y\max]$) 命令来调整图轴的范围,例如：axis($[0,1,0,2]$) 表示 x 轴的取值范围为 $[0,1]$,y 轴的取值范围为 $[0,2]$.

此外,也可对图形加上各种注解与处理：

xlabel('Input Value');　　　　　　　% x 轴注解

ylabel('Function Value');　　　　　　% y 轴注解

title('Two Trigonometric Functions');　% 图形标题

grid on;　　　　　　　　　　　　% 显示格线

例如,输入命令：

fplot('[sin(x),cos(x)]',[0,2 * pi])

xlabel('x')

ylabel('y')

title('y = sinx 和 y = cosx 图像')

legend('y = sinx','y = cosx')

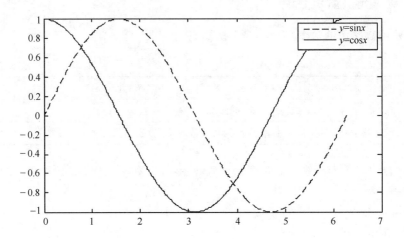

图 1.7.1

```
grid on
```

按 Enter 键,图像如图 1.7.2 所示.

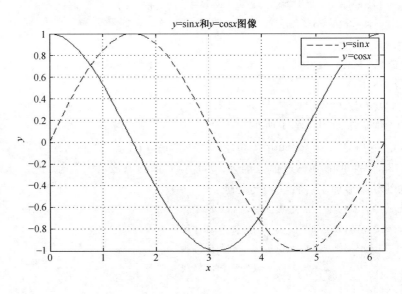

图 1.7.2

【例 2】 将屏幕窗口分成 4 个窗口,用 subplot(m,n,k)命令画 4 个子图,分别是:

(1) $y = 5x^4 - 3x^2 + 2x - 7, x \in [-5, 5]$；   (2) $y = |x^2 - 4x + 2|, x \in [-1, 5]$；

(3) $y = \ln(1 + \sqrt{1 + x^2}), x \in [-3, 3]$；   (4) $y = x^2 \cdot e^{-2x^2}, x \in [-3, 3]$.

注　意

subplot(m,n,k)表示将屏幕窗口分成 $m \times n$ 个窗口,在第 k 个窗口绘制第 k 个图形.

解　　>> subplot(2,2,1),fplot('5 * x^4 - 3 * x^2 + 2 * x - 7',[-5,5])

>> subplot(2,2,2),fplot('abs(x^2 - 4 * x + 2)',[-1,5])

>> subplot(2,2,3),fplot('log(1 + sqrt(1 + x^2))',[-3,3])

>> subplot(2,2,4),fplot('x^2 * exp(-2 * x^2)',[-3,3])

按 Enter 键,四个子图的图像如图 1.7.3 所示.其中,每个子图的标题可以通过命令 title ('函数表达式')或图片菜单来设置.

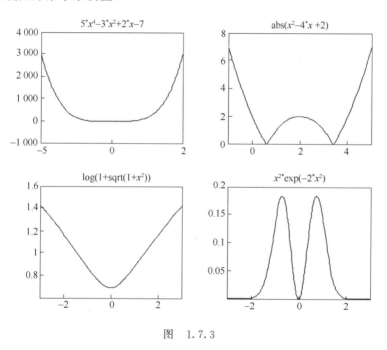

图　1.7.3

【例3】　用不同的颜色和线形在同一坐标系中画出函数 $y = x,y = x^2,y = x^3$ 在区间 $[-1,1]$ 中的图形,并标明图例.

>> x = -1:0.1:1;

>> y1 = x;y2 = x^2;y3 = x^3;

>> plot(x,y1,'r - ',x,y2,'k:',x,y3,'b - .')

>> legend('y = x','y = x^2','y = x^3')

按 Enter 键,三个函数图形如图 1.7.4 所示。

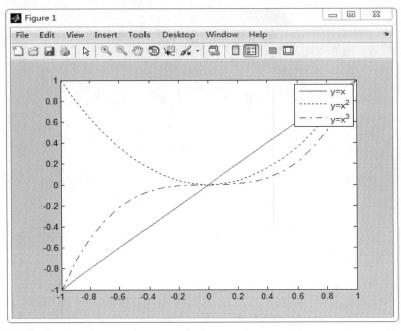

图 1.7.4

1.7.2　计算函数的极限

计算函数极限的命令如表 1.7.2 所示.

表　1.7.2

命　令	说　明
limit(fun)	求函数 fun 在 $x \to 0$ 时的极限
limit(fun,x,inf)	求函数 fun 在 $x \to \infty$ 时的极限
limit(fun,x,−inf)	求函数 fun 在 $x \to -\infty$ 时的极限
limit(fun,x,+inf)	求函数 fun 在 $x \to +\infty$ 时的极限
limit(fun,x,a)	求函数 fun 在 $x \to a$ 时的极限
limit(fun,x,a,'right')	求函数 fun 在 $x \to a^+$ 时的极限
limit(fun,x,a,'left')	求函数 fun 在 $x \to a^-$ 时的极限

【例 4】　利用 MATLAB 探究下列函数的极限是否存在.

(1) $\lim\limits_{x \to 1} \dfrac{x^3-1}{x-1}$;　　　(2) $\lim\limits_{x \to 0^-} e^{\frac{1}{x}}$, $\lim\limits_{x \to 0^+} e^{\frac{1}{x}}$, $\lim\limits_{x \to 0} e^{\frac{1}{x}}$.

解　(1)>> syms x　　　　　　　% 定义符号变量

　　　>> limit((x^3−1)/(x−1),x,1)　　% 求函数 $\dfrac{x^3-1}{x-1}$ 在 $x \to 1$ 时的极限

　　　按 Enter 键，

　　　　　ans = 3　　　　　　　　　　　　% 极限的答案是 3

所以 $\lim\limits_{x \to 1} \dfrac{x^3 - 1}{x - 1} = 3$.

（2）>> f1 = limit(exp(1/x),x,0,'left')　　% 求函数 $e^{\frac{1}{x}}$ 在 x→0⁻ 时的极限 f1

　　　按 Enter 键，

　　　　　f1 = 0　　　　　　　　　　　　% 左极限 f1 = $\lim\limits_{x \to 0^-} e^{\frac{1}{x}} = 0$

　　　>> f2 = limit(exp(1/x),x,0,'right')　　% 求函数 $e^{\frac{1}{x}}$ 在 x→0⁺ 时的极限 f2

　　　按 Enter 键，

　　　　　f2 = Inf　　　　　　　　　　　% 右极限 f2 = $\lim\limits_{x \to 0^+} e^{\frac{1}{x}} = \infty$ 不存在

　　　>>f3 = limit(exp(1/x),x,0)　　　　% 求函数 $e^{\frac{1}{x}}$ 在 $x \to 0$ 时的极限 f3

　　　按 Enter 键，

　　　　　f3 = NaN　　　　　　　　　　% 极限 f3 = $\lim\limits_{x \to 0} e^{\frac{1}{x}}$ 不存在

　　MATLAB 只用一个命令就可以求出表达式比较复杂的函数的极限，它可以帮助用户了解函数的变化特点，但应注意它只是辅助学习数学工具之一.

【例 5】　用 MATLAB 计算下列极限：

（1）$\lim\limits_{x \to 1^+}\left(\dfrac{x}{x-1} - \dfrac{1}{\ln x}\right)$;　　　　　　（2）$\lim\limits_{x \to 0} \dfrac{e^{2x^2} - 1}{x^2}$;

（3）$\lim\limits_{x \to 1^-} x^{\frac{1}{1-x}}$;　　　　　　　　　（4）$\lim\limits_{x \to \infty}\left(\dfrac{4x-3}{4x+1}\right)^{2x}$.

解　（1）>> syms x

　　　　　>> a1 = limit(x/(x-1) - 1/log(x),x,1,'right')

　　　　　按 Enter 键，

　　　　　a1 = 1/2

所以　　　　　　　　　　$\lim\limits_{x \to 1^+}\left(\dfrac{x}{x-1} - \dfrac{1}{\ln x}\right) = \dfrac{1}{2}$.

（2）a2 = limit((exp(2 * x^2) - 1)/x^2)

　　　按 Enter 键，

　　　　　a2 = 2

所以　　　　　　　　　　$\lim\limits_{x \to 0} \dfrac{e^{2x^2} - 1}{x^2} = 2$.

（3）a3 = limit(x^(1/(1 - x)),x,1,'left')

　　　按 Enter 键，

　　　　　a3 = exp(-1)

所以 $$\lim_{x\to 1^-}x^{\frac{1}{1-x}}=\mathrm{e}^{-1}=\frac{1}{\mathrm{e}}.$$

（4）a4 = limit(((4 * x - 3)/(4 * x + 1))^(2 * x),x,inf)

按 Enter 键，

a4 = exp(- 2)

所以 $$\lim_{x\to\infty}\left(\frac{4x-3}{4x+1}\right)^{2x}=\mathrm{e}^{-2}=\frac{1}{\mathrm{e}^2}.$$

习 题 1.7

1. 作出函数 $y=x+\dfrac{1}{x}$ 的图像.

2. 将屏幕窗口分成 2 个窗口，用 $\mathrm{subplot}(m,n,k)$ 命令画 2 个子图.

（1）$y=(\sin x)\mathrm{e}^{2x}-\cos x, x\in[-\pi,\pi]$.

（2）$y=\ln(x+\sqrt{x^2+1}), x\in[-3,3]$.

3. 用 MATLAB 求下列极限：

（1）$\lim\limits_{x\to 1}\dfrac{x^5-1}{x^2-1}$; （2）$\lim\limits_{x\to 0^+}\left(\dfrac{2020}{x}\right)^{\sin x}$; （3）$\lim\limits_{x\to 0^+}2x\cot x$;

（4）$\lim\limits_{x\to 0^+}\ln x\cdot\tan x$ （5）$\lim\limits_{x\to 0}\left(\dfrac{1}{\tan x}-\dfrac{1}{x}\right)$; （6）$\lim\limits_{x\to\infty}\dfrac{\mathrm{arccot}\, 2x}{2x}$.

小结

1.1 函数

一、主要内容与要求

1. 掌握函数的概念及表示法，会求函数的定义域、分段函数的函数值，能够判断两个函数是否相同，会求函数的反函数.

2. 了解判断函数的单调性、奇偶性、周期性、有界性，掌握单调上升（或单调下降）函数、奇（或偶）函数、周期函数、有界函数的图形特点.

3. 熟练掌握基本初等函数的定义、定义域、值域、图像与性质.

4. 理解复合函数的概念，会将复合函数分解为若干简单函数、基本初等函数的复合.

5. 掌握初等函数的概念，了解有的分段函数是初等函数，有的分段函数不是初等函数.

二、方法小结

1. 确定函数定义域的方法：

（1）分式的分母不为零；

(2) 开偶次方根的被开方式非负；

(3) $\log_a f(x)$ 要求 $f(x) > 0$；

(4) $\tan f(x)$ 要求 $f(x) \neq k\pi + \dfrac{\pi}{2}$，$k$ 是整数，$\cot f(x)$ 要求 $f(x) \neq k\pi$，k 是整数；

(5) $\arcsin f(x)$，$\arccos f(x)$ 要求 $|f(x)| \leqslant 1$.

难点：解不等式组或方程组.

2. 将复合函数分解为若干简单函数或基本初等函数：

(1) 对函数 $y = f(\varphi(x))$，找到中间变量 $u = \varphi(x)$，使 $y = f(u)$ 是基本初等函数(若形如函数 $y = 2^{\sin x} \cdot \ln(2x+3)$ 的分解，则先分解为简单函数 $y = u(x) \cdot v(x)$)；

(2) 对函数 $u = \varphi(x)$ 的分解，重复步骤(1)的思想，从外向内，逐层分解.

1.2　极限

一、主要内容与要求

1. 理解数列极限 $\lim\limits_{n \to \infty} f(n) = A$ 的概念.

2. 理解函数极限 $\lim\limits_{x \to \infty} f(x) = A$，$\lim\limits_{x \to +\infty} f(x) = A$，$\lim\limits_{x \to -\infty} f(x) = A$，$\lim\limits_{x \to x_0} f(x) = A$，$\lim\limits_{x \to x_0^+} f(x) = A$，$\lim\limits_{x \to x_0^-} f(x) = A$ 的概念，理解双侧极限与单侧极限的关系：

$$\lim_{x \to \infty} f(x) = A \Leftrightarrow \lim_{x \to +\infty} f(x) = \lim_{x \to -\infty} f(x) = A,$$
$$\lim_{x \to x_0} f(x) = A \Leftrightarrow \lim_{x \to x_0^+} f(x) = \lim_{x \to x_0^-} f(x) = A,$$

会判断分段函数在分界点处是否有极限.

二、方法小结

1. 本节的七个极限定义的思想及判断方式可以看成同一种模式：(1)看自变量的变化趋势是 $n \to \infty$，$x \to \infty$，$x \to +\infty$，$x \to -\infty$，$x \to x_0$，$x \to x_0^+$，$x \to x_0^-$ 中的哪一种趋势；(2)观察、分析函数的变化趋势：如果函数无限地趋于某个固定的常数 A，则常数 A 就是函数在该变化过程下的极限，反之亦然.

2. 判断分段函数在分界点处是否有极限，一定要求左、右极限.

3. 函数的极限 $\lim\limits_{x \to x_0} f(x)$ 是否存在与 $f(x_0)$ 是否存在无关. 理由是：极限 $\lim\limits_{x \to x_0} f(x)$ 是考虑函数 $f(x)$ 在 $x \to x_0$ 的变化趋势问题，它不考虑 $f(x)$ 在 x_0 点的情况.

1.3　计算极限的运算法则

一、主要内容与要求

1. 熟练掌握极限的四则运算法则，理解法则的条件仅仅是充分条件.

2. 了解本节出现的三种未定型极限："$\dfrac{0}{0}$""$\dfrac{\infty}{\infty}$""$\infty - \infty$"，并理解将三种未定型极限转化为定型极限的手段.

3. 了解复合函数的极限法则,并会应用.

二、方法小结

未定型极限的求法:

(1) $\lim\limits_{x \to x_0} \dfrac{f(x)}{g(x)}$ 是"$\dfrac{0}{0}$"型极限,采取分子、分母因式分解或有理化方式,消去分母的零因式,化为定型极限,进而用极限的四则运算法则求解;

(2) $\lim\limits_{x \to \infty} \dfrac{f(x)}{g(x)}$ 是"$\dfrac{\infty}{\infty}$"型极限,采取分子、分母同除以分母的 x 的最高次幂的方式,化为定型极限,进而求解;

(3) $\lim\limits_{x \to x_0} \dfrac{f(x)}{g(x)}$ 是"$\infty-\infty$"型极限,采取通分方式,化为"$\dfrac{0}{0}$"型,再用所学知识,化为定型极限,进而求解.

1.4　两个重要极限

一、主要内容与要求

1. 掌握第一重要极限的模型 $\lim\limits_{x \to a} \dfrac{\sin f(x)}{f(x)} = 1 \ (x \to a \Rightarrow f(x) \to 0)$,会应用.

2. 掌握第二重要极限的模型 $\lim\limits_{x \to a} [1+f(x)]^{\frac{1}{f(x)}} = e \ (x \to a \Rightarrow f(x) \to 0)$,会应用.

二、方法小结

1. 应用第一重要极限求极限. 当把自变量的变化趋势 $x \to a$ 代入所求极限表达式,出现 $\sin f(x)$,$f(x) \to 0$ 时,考虑用第一重要极限的模型 $\lim\limits_{f(x) \to 0} \dfrac{\sin f(x)}{f(x)} = 1$.

2. 应用第二重要极限求极限. 当把自变量的变化趋势 $x \to a$ 代入所求极限表达式,出现 "1^∞"型时,考虑用第二重要极限的模型 $\lim\limits_{f(x) \to 0} [1+f(x)]^{\frac{1}{f(x)}} = e$.

1.5　无穷小与无穷大

一、主要内容与要求

1. 掌握无穷小的概念,会判断当 $x \to a$ 时,$f(x)$ 是否是无穷小;若已知 $f(x)$ 是无穷小时,会判断自变量 x 该怎样变化.

2. 理解无穷小与函数极限的关系:$\lim\limits_{x \to x_0} f(x) = A \Leftrightarrow f(x) = A + \alpha$,其中 $\lim\limits_{x \to a} \alpha = 0$.

3. 理解有限个无穷小的和、差、积仍然是无穷小;有界函数与无穷小的乘积仍然是无穷小;会应用无穷小的性质求极限;了解两个无穷小阶的概念及阶的比较方法.

4. 掌握无穷大的概念,会判断当 $x \to a$ 时,$f(x)$ 是否是无穷大;若已知 $f(x)$ 是无穷大时,会判断自变量 x 该怎样变化;理解无穷小与无穷大的关系.

二、方法小结

应用"有界函数与无穷小的乘积仍然是无穷小"求极限：

当 $f(x)$ 是无穷小且 $f(x) \neq 0$ 时，$\sin \dfrac{1}{f(x)}$，$\cos \dfrac{1}{f(x)}$，$\arctan \dfrac{1}{f(x)}$，$\text{arccot} \dfrac{1}{f(x)}$ 都是有界函数，此时应用"有界函数与无穷小的乘积仍然是无穷小"求极限.

1.6　函数的连续性

一、主要内容与要求

1. 了解函数 $y = f(x)$ 在点 x_0 增量的概念，掌握判断函数 $y = f(x)$ 在点 x_0 连续的方法，会判断分段函数在分界点 x_0 处是否连续.

2. 了解函数 $y = f(x)$ 在 x_0 点左连续、右连续的概念，了解函数 $y = f(x)$ 在开区间 (a, b) 内连续，在闭区间 $[a, b]$ 上连续的概念，理解基本初等函数在定义域内都连续，了解两个连续函数经过有限次的四则运算，有限次的复合步骤所得函数仍是连续函数，掌握初等函数在其定义域内(定义域有孤立点集除外)都连续的结论.

3. 理解并记住连续函数在闭区间 $[a, b]$ 上必有最大值、最小值；理解介值定理，零点定理；了解方程在区间 (a, b) 内至少有一个实数根的判断方法.

二、方法小结

1. 求分段函数 $f(x)$ 的连续区间：

由于分段函数 $f(x)$ 在不同的区间段具有不同的初等函数表达式，所以只需考虑 $f(x)$ 在分界点是否连续，根据分段函数 $f(x)$ 在分界点 x_0 处是否连续的定义，观察：(1) $f(x_0)$ 是否存在？(2) $\lim\limits_{x \to x_0} f(x)$ 是否存在？(3) $\lim\limits_{x \to x_0} f(x) = f(x_0)$？从而可知分段函数 $f(x)$ 的连续区间.

2. 判断方程在区间 (a, b) 内至少有一个实数根：

将方程写成 $f(x) = 0$，检验 $f(x)$ 是否在区间 $[a, b]$ 内满足零点定理的条件，进而可得结论.

1.7　用 MATLAB 求极限

一、主要内容与要求

1. 会用 plot(x,y)，fplot('fun',[a,b])命令格式作一元函数 $y = f(x)$ 的图像.

2. 会用 limit(fun,x,a)，limit(fun,x,inf)，limit(fun,x,a,'left')，limit(fun,x,a,'right')命令格式求一元函数 $y = f(x)$ 的极限.

二、方法小结

1. 用 MATLAB 求极限. 首先要定义符号函数 syms x，其次写函数表达式时一定要注意书写方法，这是初学者的难点.

2. 用 MATLAB 画图. 命令 plot(x,y)相当于描点作图，要定义 x,y；而命令 fplot('fun',[a,b])，只需定义符号函数 syms x 后，直接用命令 fplot('fun',[a,b])作图.

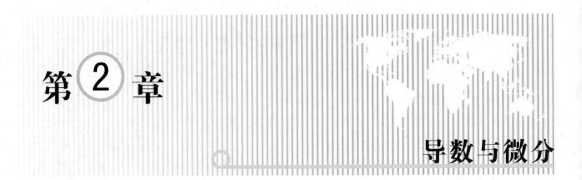

第 2 章

导数与微分

高等数学中,微分学与积分学统称微积分,微分学是积分学的基础.本章在极限概念的基础上,介绍一元微分学的主要内容——一元函数的导数与微分的基本概念以及计算方法,并介绍如何用数学软件 MATLAB 求函数的导数.

导数的概念来源于事物在某个变化过程中局部的相对变化率的问题,微分的概念来源于函数的增量的近似计算问题.

2.1　导数的概念

2.1.1　导数的定义

1. 两个引例

【引例1】　设物体沿直线作变速运动的方程为 $s = s(t)$ (路程与时间的关系),求物体在 t_0 时刻的瞬时速度 $v(t_0)$.

分析　由于物体作变速直线运动,故物体在每一个 t 时刻的速度都不同.可以先求物体从 t_0 时刻开始的小段 Δt 时间内运动的平均速度,再利用函数的极限思想解决此问题.

解　(1)计算从 t_0 时刻开始的小段 Δt 时间内的平均速度.

当时间 t 从 t_0 变到 $t_0 + \Delta t$ 时,物体运动的距离是 $\Delta s = s(t_0 + \Delta t) - s(t_0)$,所以物体在 Δt 时间内的平均速度是 $\bar{v} = \dfrac{\Delta s}{\Delta t} = \dfrac{s(t_0 + \Delta t) - s(t_0)}{\Delta t}$,此时,$t_0$ 可看作常量,比值 $\dfrac{\Delta s}{\Delta t}$ 是 Δt 的函数,

当时间间隔 $|\Delta t|$ 越小,平均速度 $\dfrac{\Delta s}{\Delta t}$ 就越接近 t_0 时刻的瞬时速度 $v(t_0)$.

思考:用什么数学思想处理比值 $\dfrac{\Delta s}{\Delta t}$,可以得到 t_0 时刻的瞬时速度?

（2）取极限（令 $\Delta t \to 0$），可以求出物体在 t_0 时刻的瞬时速度 $v(t_0)$.

根据函数的极限定义，有 $v(t_0) = \lim\limits_{\Delta t \to 0} \dfrac{\Delta s}{\Delta t} = \lim\limits_{\Delta t \to 0} \dfrac{s(t_0 + \Delta t) - s(t_0)}{\Delta t}$.

【引例 2】 求曲线 $y = f(x)$ 在点 $P_0(x_0, f(x_0))$ 的切线的斜率.

分析 如图 2.1.1 所示，由于曲线 $f(x)$ 上每一点 P_0 $(x_0, f(x_0))$ 的切线的斜率不同，可以在 P_0 点附近找一点 P，先求割线 P_0P 的斜率，再利用函数的极限思想解决此问题.

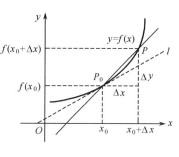

图 2.1.1

解 （1）给 x_0 一个微小的改变量 Δx，计算割线 P_0P 的斜率.

给 x_0 一个改变量 Δx，那么点 $P_0(x_0, f(x_0))$ 变到点 $P(x_0 + \Delta y_0, f(x_0 + \Delta x))$，从而得到割线 P_0P 的斜率

$k_{p_0p} = \dfrac{\Delta y}{\Delta x} = \dfrac{f(x_0 + \Delta x) - f(x_0)}{\Delta x}$，此时，$x_0$ 可看作常量，

比值 $\dfrac{\Delta y}{\Delta x}$ 是 Δx 的函数. 当 $|\Delta x|$ 越小，割线 P_0P 越靠近 P_0 点的切线 l，割线斜率 $\dfrac{\Delta y}{\Delta x}$ 就越接近 $P_0(x_0, f(x_0))$ 点的切线的斜率.

思考：用什么数学思想处理比值 $\dfrac{\Delta y}{\Delta x}$，就可以得到 $f(x)$ 在 P_0 点的切线斜率？

（2）取极限（令 $\Delta x \to 0$），可以求出曲线 $y = f(x)$ 在点 $P_0(x_0, f(x_0))$ 的切线的斜率.

根据函数的极限定义，有

$$k_{p_0} = \lim\limits_{\Delta x \to 0} \frac{\Delta y}{\Delta x} = \lim\limits_{\Delta x \to 0} \frac{f(x_0 + \Delta x) - f(x_0)}{\Delta x}.$$

上面的两个引例，一个是运动速度问题，一个是几何曲线切线斜率问题，虽然它们表示的实际具体问题不同，但是解决问题所建立的数学模型、求解的思想方法却是一样的，都可归纳为函数的相对变化量的极限，即 $\lim\limits_{\Delta x \to 0} \dfrac{\Delta y}{\Delta x}$. 很多实际问题，如某时刻的电流强度、比热、气流强度，某点的线密度、面密度、体密度等，都可以应用这个模型来计算，它们统称为局部变化率的问题. 我们撇开实际意义，把抽象出的数学模型给予如下的定义.

2. 导数的定义

定义 设函数 $y = f(x)$ 在点 x_0 的某一邻域内有定义，当自变量 x 在 x_0 处取得增量 Δx（点 $x_0 + \Delta x$ 仍在该邻域内）时，相应的函数的增量 $\Delta y = f(x_0 + \Delta x) - f(x_0)$；若 Δy 与 Δx 之比 $\dfrac{\Delta y}{\Delta x}$ 当 $\Delta x \to 0$ 时的极限存在，则称函数 $y = f(x)$ 在点 x_0 **可导**，并称此极限为函数 $y = f(x)$ 在点 x_0 的**导数**. 记为 $f'(x_0)$，即

$$f'(x_0) = \lim_{\Delta x \to 0} \frac{\Delta y}{\Delta x} = \lim_{\Delta x \to 0} \frac{f(x_0 + \Delta x) - f(x_0)}{\Delta x}.$$

也可记作 $y'|_{x=x_0}, \dfrac{dy}{dx}\Big|_{x=x_0}, \dfrac{df(x)}{dx}\Big|_{x=x_0}.$

因此，引例 1 说明：已知物体作变速直线运动的运动方程 $s = s(t)$ 时，那么物体在 t_0 时刻的瞬时速度 $v(t_0) = s'(t_0)$；引例 2 说明：曲线 $y = f(x)$ 在任一点 $P_0(x_0, f(x_0))$ 处的切线的斜率为 $k = f'(x_0)$.

如果函数 $y = f(x)$ 在开区间 (a, b) 内的每一点都可导，就称函数 $f(x)$ 在开区间 (a, b) 内**可导**. 这时，对于开区间 (a, b) 内的每一个 x_0 值，都有 $f(x)$ 的一个确定的导数值 $f'(x_0)$ 与之对应，这样就构成了一个新的函数，这个函数称为原来函数 $y = f(x)$ 的**导函数**，简称为**导数**，记作 $y', f'(x), \dfrac{dy}{dx}$，或 $\dfrac{df(x)}{dx}$.

注 意

$f'(x_0)$ 与 $f'(x)$ 的区别：$f'(x)$ 称为函数 $f(x)$ 的导函数，其中的 x 是可以变化的，因此 $f'(x)$ 是函数，而 $f'(x_0)$ 是导函数 $f'(x)$ 在 x_0 的取值或函数值，是常数.

仿照函数左右极限的定义，可以定义极限

$$\lim_{\Delta x \to 0^-} \frac{\Delta y}{\Delta x} = \lim_{\Delta x \to 0^-} \frac{f(x_0 + \Delta x) - f(x_0)}{\Delta x}, \lim_{\Delta x \to 0^+} \frac{\Delta y}{\Delta x} = \lim_{\Delta x \to 0^+} \frac{f(x_0 + \Delta x) - f(x_0)}{\Delta x}$$

分别为函数 $y = f(x)$ 在点 x_0 处的左导数、右导数. 记为 $f'(x_0 - 0), f'(x_0 + 0)$.

显然有：

定理 1 函数 $y = f(x)$ 在点 x_0 处可导的充分必要条件是 $f(x)$ 在点 x_0 的左、右导数都存在且相等.

2.1.2 部分基本初等函数的导数

由导数的定义知道求函数 $y = f(x)$ 的导数的步骤：

(1) 求 $\dfrac{\Delta y}{\Delta x} = \dfrac{f(x + \Delta x) - f(x)}{\Delta x}$；

(2) 求 $\lim\limits_{\Delta x \to 0} \dfrac{\Delta y}{\Delta x} = \lim\limits_{\Delta x \to 0} \dfrac{f(x + \Delta x) - f(x)}{\Delta x}$.

【例 1】 求常量函数 $f(x) = C$（C 是常数）的导数.

解 因为

$$\frac{\Delta y}{\Delta x} = \frac{f(x + \Delta x) - f(x)}{\Delta x} = \frac{C - C}{\Delta x} = 0,$$

所以
$$C' = f'(x) = \lim_{\Delta x \to 0} \frac{\Delta y}{\Delta x} = 0.$$

例 1 告诉我们:只要是常数,其导数就是零.比如 $(-2)' = (e)' = \left(\sin \frac{\pi}{4}\right)' = (\ln 5)' = 0.$

思考:导数为零的函数是常数吗?

【**例 2**】　求幂函数 $f(x) = x^n (n \in \mathbf{N}, \mathbf{N}$ 是自然数)的导数.

解　由二项式定理
$$(x + \Delta x)^n = C_n^0 x^n + C_n^1 x^{n-1} \Delta x + C_n^2 x^{n-2} (\Delta x)^2 + \cdots + C_n^n (\Delta x)^n$$
$$= x^n + nx^{n-1} \Delta x + \frac{n(n-1)}{2!} x^{n-2} (\Delta x)^2 + \cdots + (\Delta x)^n.$$

因为
$$\frac{\Delta y}{\Delta x} = \frac{f(x + \Delta x) - f(x)}{\Delta x} = \frac{(x + \Delta x)^n - x^n}{\Delta x}$$
$$= nx^{n-1} + \frac{n(n-1)}{2!} x^{n-2} \Delta x + \cdots + (\Delta x)^{n-1},$$

所以
$$(x^n)' = \lim_{\Delta x \to 0} \frac{\Delta y}{\Delta x} = nx^{n-1}.$$

更一般地,幂函数 $f(x) = x^\alpha (\alpha \in \mathbf{R})$ 的导数
$$(x^\alpha)' = \alpha \cdot x^{\alpha-1}.$$

常用的结论: $(x)' = 1, (\sqrt{x})' = \frac{1}{2\sqrt{x}}, \left(\frac{1}{x}\right)' = -\frac{1}{x^2}.$

【**例 3**】　(1) 求函数 $y = \sqrt{x \cdot \sqrt[3]{x^2}}$ 的导数;

(2) 若函数 $y = \frac{\sqrt[5]{x^3}}{\sqrt{x}}$,求 $y'|_{x = 2^{10}}$.

解　(1)化简函数,$y = (x \cdot x^{\frac{2}{3}})^{\frac{1}{2}} = x^{\frac{5}{6}}$,所以,$y' = \frac{5}{6} x^{-\frac{1}{6}} = \frac{5}{6 \cdot \sqrt[6]{x}}.$

(2)化简函数,$y = x^{\frac{3}{5} - \frac{1}{2}} = x^{\frac{1}{10}}$,所以,$y' = \frac{1}{10} x^{-\frac{9}{10}} = \frac{1}{10 \cdot \sqrt[10]{x^9}}$,从而
$$y'|_{x = 2^{10}} = \frac{1}{2^9 \times 10}.$$

【**例 4**】　求指数函数 $f(x) = a^x (a > 0, a \neq 1)$ 的导数.

解　因为　$\dfrac{\Delta y}{\Delta x} = \dfrac{f(x + \Delta x) - f(x)}{\Delta x} = \dfrac{a^{x+\Delta x} - a^x}{\Delta x} = a^x \cdot \dfrac{a^{\Delta x} - 1}{\Delta x},$

由 1.4 节例 3 可知:
$$\lim_{\Delta x \to 0} \frac{a^{\Delta x} - 1}{\Delta x} = \ln a,$$

所以
$$f'(x) = \lim_{\Delta x \to 0} \frac{\Delta y}{\Delta x} = a^x \lim_{\Delta x \to 0} \frac{a^{\Delta x} - 1}{\Delta x} = a^x \ln a.$$

故指数函数 $f(x)=a^x(a>0,a\neq1)$ 的导数

$$(a^x)'=a^x\ln a.$$

特别地

$$(\mathrm{e}^x)'=\mathrm{e}^x.$$

【例 5】 求函数 $y=\dfrac{2^x\mathrm{e}^x}{5^x}$ 的导数.

解 化简函数, $y=\left(\dfrac{2\mathrm{e}}{5}\right)^x$, 所以, $y'=\left(\dfrac{2\mathrm{e}}{5}\right)^x\ln\dfrac{2\mathrm{e}}{5}$.

【例 6】 求对数函数 $f(x)=\log_a x(a>0,a\neq1)$ 的导数.

解 因为 $\dfrac{\Delta y}{\Delta x}=\dfrac{f(x+\Delta x)-f(x)}{\Delta x}=\dfrac{\log_a(x+\Delta x)-\log_a x}{\Delta x}=\dfrac{\log\left(1+\dfrac{\Delta x}{x}\right)}{\Delta x}$,

所以 $\quad f'(x)=\lim\limits_{\Delta x\to0}\dfrac{\Delta y}{\Delta x}=\dfrac{1}{x}\lim\limits_{\Delta x\to0}\log_a\left(1+\dfrac{\Delta x}{x}\right)^{\frac{x}{\Delta x}}=\dfrac{1}{x}\log_a\left[\lim\limits_{\Delta x\to0}\left(1+\dfrac{\Delta x}{x}\right)\right]^{\frac{x}{\Delta x}}$

$$=\dfrac{1}{x}\log_a\mathrm{e}=\dfrac{1}{x\ln a}.$$

故对数函数 $f(x)=\log_a x(a>0,a\neq1)$ 的导数

$$(\log_a x)'=\dfrac{1}{x\ln a},$$

特别地

$$(\ln x)'=\dfrac{1}{x}.$$

【例 7】 求正弦函数 $f(x)=\sin x$ 的导数.

解 因为 $\quad\dfrac{\Delta y}{\Delta x}=\dfrac{f(x+\Delta x)-f(x)}{\Delta x}=\dfrac{\sin(x+\Delta x)-\sin x}{\Delta x}$

$$=\dfrac{\sin x(\cos\Delta x-1)+\cos x\sin x}{\Delta x}$$

$$=\sin x\dfrac{\left(-2\sin\dfrac{\Delta x}{2}\sin\dfrac{\Delta x}{2}\right)}{\Delta x}+\cos x\dfrac{\sin\Delta x}{\Delta x},$$

所以 $\quad f'(x)=\lim\limits_{\Delta x\to0}\dfrac{\Delta y}{\Delta x}=\cos x.$

故正弦函数 $f(x)=\sin x$ 的导数

$$(\sin x)'=\cos x.$$

同理可得, 余弦函数 $f(x)=\cos x$ 的导数

$$(\cos x)'=-\sin x.$$

2.1.3 导数的实际意义及应用

1. 导数的几何意义

由引例 2 可知,函数 $f(x)$ 在 x_0 处的导数 $f'(x_0)$ 是曲线 $f(x)$ 在该点 P_0 的切线 l 的斜率,如图 2.1.2 所示,即 $k=f'(x_0)$;而 $-\dfrac{1}{f'(x_0)}\ (f'(x_0)\neq 0)$ 表示曲线 $f(x)$ 在该点的法线 l_1 的斜率.故曲线 $f(x)$ 在 x_0 处的切线方程 l 为

$$y-f(x_0)=f'(x_0)(x-x_0),$$

曲线 $f(x)$ 在 x_0 处的法线方程 l_1 为

$$y-f(x_0)=-\frac{1}{f'(x_0)}(x-x_0).$$

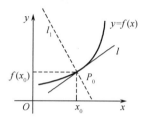

图　2.1.2

【例 8】 求曲线 $y=\ln x$ 在 $P(e^2,2)$ 处的切线方程,法线方程.

解 曲线 $y=\ln x$ 在 $P(e^2,2)$ 处的切线斜率 $k_1=f'(x_0)=\dfrac{1}{x_0}=\dfrac{1}{e^2}$,于是法线斜率

$$k_2=-\frac{1}{f'(x_0)}=-e^2,$$

故 $y=\ln x$ 在 $P(e^2,2)$ 处的切线方程为

$$y-2=\frac{1}{e^2}(x-e^2),\ \text{即}\ x-e^2y+e^2=0,$$

$y=\ln x$ 在 $P(e^2,2)$ 处的法线方程为

$$y-2=-e^2(x-e^2),\ \text{即}\ e^2x+y-e^4-2=0.$$

2. 导数的经济意义

常见的经济函数有成本函数 $C(Q)$、收益函数 $R(Q)$、利润函数 $L(Q)$,Q 表示产量或销售量.经济函数 $f(x)$ 的导数 $f'(x)$ 称为边际函数.如边际成本函数 $C'(Q)$,边际收益函数 $R'(Q)$,边际利润函数 $L'(Q)$.

3. 导数的物理意义

设物体作变速直线运动的方程是 $s=s(t)$,那么:(1)物体在 t_0 时刻的瞬时速度为 $v(t_0)=s'(t_0)$;(2)物体在 t_0 时刻的瞬时加速度为 $a(t_0)=v'(t_0)$(由于 $\lim\limits_{\Delta t\to 0}\dfrac{v(t_0+\Delta t)-v(t_0)}{\Delta t}=a(t_0)$).

2.1.4 可导与连续的关系

思考:函数在某点的可导性和连续性是函数的两个重要特性,两者有何关系?

分析 设函数 $y=f(x)$ 在 x_0 处可导,因为

$$f'(x_0)=\lim_{\Delta x\to 0}\frac{\Delta y}{\Delta x}$$

$$\Leftrightarrow \lim_{\Delta x \to 0} \Delta y = \lim_{\Delta x \to 0} \frac{\Delta y}{\Delta x} \Delta x = \lim_{\Delta x \to 0} \frac{\Delta y}{\Delta x} \lim_{\Delta x \to 0} \Delta x = 0,$$

所以可以得到：

定理 2 函数在某点可导则必连续，反之不一定成立.

如图 2.1.3 所示函数 $y = |x|$ 在 $x = 0$ 处连续，但由于

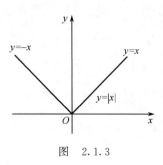

$$\lim_{\Delta x \to 0^+} \frac{|\Delta x|}{\Delta x} = \lim_{\Delta x \to 0^+} \frac{\Delta x}{\Delta x} = 1,$$

$$\lim_{\Delta x \to 0^-} \frac{|\Delta x|}{\Delta x} = \lim_{\Delta x \to 0^-} \frac{-\Delta x}{\Delta x} = -1,$$

于是 $y'|_{x=0} = \lim_{\Delta x \to 0} \frac{|\Delta x|}{\Delta x}$ 不存在，所以函数 $y = |x|$ 在 $x = 0$

处不可导（一般地，尖点都是不可导点）.

图 2.1.3

习 题 2.1

1. 用定义求下列函数的导数：

(1) $y = x^2$；

(2) $y = 3^x$；

(3) $y = \log_{\frac{1}{2}} x$；

(4) $y = \cos x$.

2. 用公式求下列函数的导数：

(1) $y = \dfrac{\sqrt{x\sqrt{x}}}{\sqrt[5]{x^2}}$；

(2) $y = 3^x \cdot e^x$.

3. 求下列函数在指定点的导数：

(1) $y = \log_3 x \, (x = e)$；

(2) $y = \dfrac{\sqrt[3]{x}}{\sqrt{x} \cdot \sqrt[4]{x^3}} \, (x = 1)$；

(3) $y = \sin x \left(x = \dfrac{\pi}{4} \right)$.

4. 设某物体的运动规律为 $s(t) = t^2 + t$，求该物体在 $t = 0$ 秒时刻的速度.

5. 求立方抛物线 $y = x^3$ 在 $x = 2$ 时的切线方程、法线方程.

6. 设曲线 $y = 3^x$ 上某点的切线平行于曲线 $y = \ln x$ 在点 $x = \dfrac{1}{\ln 3}$ 处的切线，求该点的切线方程.

7. 函数 $f(x) = \begin{cases} x + 1, & x < 0 \\ 2^x, & x \geqslant 0 \end{cases}$ 在 $x = 0$ 点是否连续？是否可导？

2.2 函数的四则运算的求导法则

上一节通过分析两个实例引出了导数的定义,并用定义求出了几个基本初等函数的导数. 但每个函数都用定义来求导,显然过于烦琐,不可行.接下来介绍函数的四则运算的求导法则和复合函数的求导法则,便可以比较容易地求出一般的初等函数的导数.

由导数的定义及极限的四则运算法则,容易推出以下定理:

定理 设函数 $f(x), g(x)$ 在点 x 处可导,则函数 $f(x) \pm g(x), f(x) \cdot g(x), \dfrac{f(x)}{g(x)}$ (其中 $g(x) \neq 0$)在点 x 处也可导,并且:

(1) $[f(x) \pm g(x)]' = f'(x) \pm g'(x)$;

(2) $[f(x) \cdot g(x)]' = f'(x) \cdot g(x) + f(x) \cdot g'(x)$;

特别地,$[kf(x)]' = kf'(x)$(k 是常数);

(3) $\left[\dfrac{f(x)}{g(x)} \right]' = \dfrac{f'(x)g(x) - f(x)g'(x)}{g^2(x)}, g(x) \neq 0$.

上面的定理又称为函数的四则运算的求导法则,法则(1)和(2)都可以推广为有限个函数的情形.

【例 1】 求下列函数的导数:

(1) $y = x^4 + 4^x - 3$; (2) $y = \left(x - \sqrt{x} + \dfrac{1}{x} - 1\right) \cdot \ln x$;

(3) $y = \dfrac{\sin x - 2\cos x}{e^x}$.

解 (1) $y' = (x^4)' + (4^x)' - (3)' = 4x^3 + 4^x \ln 4$;

(2) $y' = \left(x - \sqrt{x} + \dfrac{1}{x} - 1\right)' \cdot \ln x + \left(x - \sqrt{x} + \dfrac{1}{x} - 1\right) \cdot (\ln x)'$

$$= \left(1 - \dfrac{1}{2\sqrt{x}} - \dfrac{1}{x^2}\right) \cdot \ln x + \dfrac{x - \sqrt{x} + \dfrac{1}{x} - 1}{x}$$

$$= \left(1 - \dfrac{1}{2\sqrt{x}} - \dfrac{1}{x^2}\right) \cdot \ln x + 1 - \dfrac{1}{\sqrt{x}} + \dfrac{1}{x^2} - \dfrac{1}{x};$$

(3) $y' = \dfrac{(\sin x - 2\cos x)' \cdot e^x - (\sin x - 2\cos x) \cdot (e^x)'}{(e^x)^2}$

$$= \dfrac{(\cos x + 2\sin x) \cdot e^x - (\sin x - 2\cos x) \cdot e^x}{e^{2x}} = \dfrac{3\cos x + \sin x}{e^x}.$$

【例 2】 求下列函数的导数:

(1) $y = \tan x$; (2) $y = \sec x$.

解 (1) $y'=(\tan x)'=\left(\dfrac{\sin x}{\cos x}\right)'=\dfrac{(\sin x)'\cos x-\sin x(\cos x)'}{\cos^2 x}$

$$=\dfrac{\cos^2 x+\sin^2 x}{\cos^2 x}=\sec^2 x;$$

同理可得　$(\cot x)'=-\csc^2 x.$

(2) $(\sec x)'=\dfrac{1}{\cos x}=\dfrac{1'\cdot\cos x-1\cdot(\cos x)'}{(\cos x)^2}$

$$=\dfrac{\sin x}{\cos^2 x}=\sec x\cdot\tan x;$$

同理可得　$(\csc x)'=-\csc x\cdot\cot x.$

【例3】 求下列函数在指定点的导数:

(1) 设函数 $f(x)=\sec x+2x\tan x$,求 $f'\left(\dfrac{\pi}{3}\right)$;

(2) 设函数 $f(x)=\dfrac{x\ln x-3}{2^x}$,求 $f'(1).$

解 (1) $f'(x)=(\sec x)'+2(x\cdot\tan x)'=\sec x\tan x+2[x'\tan x+x(\tan x)']$
$$=\sec x\tan x+2[\tan x+x(\sec^2 x)],$$

所以　　　　　　　　　　$f'\left(\dfrac{\pi}{3}\right)=4\left(\sqrt{3}+\dfrac{2\pi}{3}\right).$

(2) $f'(x)=\dfrac{(x\ln x-3)'\cdot 2^x-(x\ln x-3)\cdot(2^x)'}{(2^x)^2}$

$$=\dfrac{[x'\ln x+x(\ln x)']2^x-(x\ln x-3)(2^x\ln 2)}{2^{2x}}=\dfrac{(\ln x+1)-(x\ln x-3)\ln 2}{2^x},$$

所以　　　　　　　　　　$f'(1)=\dfrac{1+3\ln 2}{2}.$

【例4】 以初速 $v_0=98$ m/s 竖直上抛的物体,其上升的高度 s 与时间 t 的函数关系是 $s=v_0t-\dfrac{1}{2}gt^2$,求

(1) 该物体上升的速度 $v(t)$;

(2) 该物体达到最高点的时间.

解 (1) 该物体上升的速度 $v(t)=s'(t)=v_0-gt.$

(2) 因为该物体达到最高点时的速度为零,此时有 $v_0-gt=0$,即 $t=\dfrac{v_0}{g}\approx\dfrac{98}{9.8}=10(\text{s})$,所以该物体达到最高点的时间是 10 s.

【例5】 设某企业生产 x 件产品的总收入(单位:元)为 $R(x)=80x-0.05x^2$,总成本为 $C(x)=400+0.5x^2$,求

（1）产量为 50 件时的边际成本、边际收益、边际利润，并说明其经济意义；

（2）边际利润为零时的产量．

解　（1）边际成本函数 $C'(x)=x$，产量为 50 件时的边际成本为 $C'(50)=50$ 元，表明在产量为 50 件的基础上，再多（或少）生产一件产品将增加（或减少）成本 50 元；边际收益函数 $R'(x)=80-0.1x$，销量为 50 件时的边际收益 $R'(50)=80-0.1\times50=75$ 元，表明在销量为 50 件的基础上，再多（或少）销售一件产品所增加（或减少）的收入 75 元；利润函数 $L(x)=R(x)-C(x)=80x-0.55x^2-400$，边际利润函数 $L'(x)=R'(x)-C'(x)=80-1.1x$，产量为 50 件的边际利润为 $L'(50)=80-1.1\times50=25$ 元，表明在产量为 50 件并销售完的基础上，再多（或少）生产一件产品的成本比再多（或少）销售一件产品所增加（或减少）的收入少 25 元，所以销售者应该继续增加生产来增加利润．

（2）由 $L'(x)=80-1.1x=0$ 知道边际利润为零时的产量约为 73 件，此时利润最大．最大利润为 2 509 元．

习　题　2.2

1. 求下列函数的导数：

（1）$y=3x^5+5^x-2\ln 3$；

（2）$y=\dfrac{(x^2-2\sqrt{x})^2}{x}$；

（3）$y=\dfrac{(2^x-3^x)^2}{\mathrm{e}^x}$；

（4）$y=\mathrm{e}^x\cdot(3-2\sqrt{x})$；

（5）$y=\sec x\cdot\log_2 x+\sin\dfrac{\pi}{6}$；

（6）$y=\sqrt{x}\cos x-\sec x$；

（7）$y=\dfrac{\sec x-\csc x}{\sin x-\cos x}$；

（8）$y=\dfrac{x^3\ln x-1}{2+x}$．

2. 求下列函数在指定点的导数：

（1）$f(x)=\dfrac{\sqrt[3]{x^2}-2\sqrt{x}}{\sqrt[5]{x^3}}$，求 $f'(1)$；

（2）$f(x)=\dfrac{\mathrm{e}^x}{x^3}-2\ln 3$，求 $f'(1)$，$f'(\ln 2)$．

3. 求曲线 $y=2\tan\varphi-3\cot\varphi$ 在横坐标为 $\dfrac{\pi}{4}$ 处的切线方程和法线方程．

4. 设 A 公司每月生产某产品的固定成本为 500 元，生产 x 件产品的可变成本为 $0.02x^2+10x$，如果每单位产品的售价为 20 元．求：

（1）边际成本 $C'(x)$、边际收益 $R'(x)$ 和边际利润 $L'(x)$．

（2）边际利润为零时的产量，并求此时的利润．

2.3 复合函数的求导

到目前为止,我们解决了六类基本初等函数中的前五类函数的求导,那么如何求第六类基本初等函数的导数,即反三角函数的导数呢? 下面的法则可以解决这个问题.

2.3.1 复合函数的求导法则

定理 设函数 $y=f(\varphi(x))$ 由函数 $y=f(u)$, $u=\varphi(x)$ 复合而成, u 是中间变量,若函数 $u=\varphi(x)$ 在点 x 可导且函数 $y=f(u)$ 在与点 x 对应的 u 点可导,即 $y'_u=f'(u)$, $u'_x=\varphi'(x)$ 存在,则复合函数 $y=f(\varphi(x))$ 在点 x 可导,且 $y'_x=y'_u \cdot u'_x$.

(证明思路: $\dfrac{\Delta y}{\Delta x}=\dfrac{\Delta y}{\Delta u}\dfrac{\Delta u}{\Delta x}\Rightarrow$ 两边取极限即可.)

【例 1】 求下列函数的导数.

(1) $y=5^{\ln x}$;　　(2) $y=\sin^3 x^3$;　　(3) $y=(x^3-2x)^6 \cdot \cos 2x$;

(4) $y=\sin(x^3+\ln x)$.

分析:我们应该选择四则运算求导法则还是复合函数求导法则来求导? 这必须要看表达式的结构.比如第(1),(2)小题,从外往内的第一层结构是复合函数关系,而第(3)小题,从外往内的第一层结构是乘积关系,由于结构不同,从而选择的求导方法也不同.

解 (1)令 $u=\ln x$,则 $y=5^{\ln x}$ 可分解为 $y=5^u$, $u=\ln x$,所以

本小题是单纯的复合函数,因此只要使用复合函数求导法则逐层求导即可。

$$y'=y'_u \cdot u'_x = (5^u \ln 5)\left(\frac{1}{x}\right) = \frac{5^{\ln x} \ln 5}{x}.$$

🪐 **注 意**

① 判断复合函数的结构关键是选择 u,使 $y=f(u)$ 是基本初等函数.

② 此题 $u=\ln x$ 恰好是基本初等函数,所以只用一次复合函数求导法则 $y'=y'_u \cdot u'_x$ 就解题结束.有时 $u=u(x)$ 不是基本初等函数,就要根据 $u=u(x)$ 的结构再次选择求导方法.

(2) 令 $u=\sin x^3$,则 $y=\sin^3 x^3$ 可分解为: $y=u^3$, $u=\sin x^3$,应用复合函数求导法则 $y'=y'_u \cdot u'_x$;而 $u=\sin x^3$ 是复合函数,继续再应用一次复合函数求导法则,令 $u=\sin v$, $v=x^3$,则有

$$y'_x=y'_u \cdot u'_x = y'_u \cdot u'_v \cdot v'_x$$
$$= (3u^2) \cdot (\cos v) \cdot (3x^2) = 9x^2(\sin^2 x^3)(\cos x^3).$$

(3) 此题与第(1),(2)小题的结构不同,它是乘积结构,所以应当先用乘法求导公式;另外不必每次写出中间变量,应当学会心里记住中间变量,从外往内,逐层求导.因此

$$y' = \left[(x^3 - 2x)^6\right]' \cdot \cos 2x + (x^3 - 2x)^6 \cdot (\cos 2x)'$$

$$= \left[6(x^3 - 2x)^5 \cdot (x^3 - 2x)'\right] \cdot \cos 2x + (x^3 - 2x)^6 \cdot (-\sin 2x)(2x)'$$

$$= 6(x^3 - 2x)^5 \cdot (3x^2 - 2) \cdot \cos 2x - 2(x^3 - 2x)^6 \cdot (\sin 2x).$$

(4) 令 $y = \sin u, u = x^3 + \ln x$，应用复合函数求导法则 $y' = y'_u \cdot u'_x$，则有

$$y' = (\sin u)' \cdot (x^3 + \ln x)'$$

$$= (\cos u)\left(3x^2 + \frac{1}{x}\right)$$

$$= \left(3x^2 + \frac{1}{x}\right)\cos\left(3x^2 + \frac{1}{x}\right).$$

（利用复合函数的求导法则还可以推出反三角函数的导数公式.）

【例 2】 求下列函数的导数 ：

(1) $y = \arcsin x$ ；   (2) $y = \arctan x$.

解 (1) 因为反正弦函数 $y = \arcsin x \Leftrightarrow x = \sin y \left(-1 \leqslant x \leqslant 1, -\frac{\pi}{2} \leqslant y \leqslant \frac{\pi}{2}\right)$，此时方程两边都可以看成 x 的函数，注意等号右边的 $\sin y$ 是 x 的复合函数，这里 y 是中间变量，所以方程两边可以对 x 求导：$1 = (\cos y) \cdot y'$，可以推得

$$y' = \frac{1}{\cos y} = \frac{1}{\sqrt{1 - \sin^2 y}} = \frac{1}{\sqrt{1 - x^2}}.$$

所以 $$(\arcsin x)' = \frac{1}{\sqrt{1 - x^2}}.$$

(2) 因为反正切函数 $y = \arctan x \Leftrightarrow x = \tan y \left(-\infty < x < +\infty, -\frac{\pi}{2} < y < \frac{\pi}{2}\right)$，此时方程两边都可以看成 x 的函数，注意等号右边的 $\tan y$ 是 x 的复合函数，这里 y 是中间变量，所以方程两边可以对 x 求导：$1 = (\sec^2 y) \cdot y'$，可以推得

$$y' = \frac{1}{\sec^2 y} = \frac{1}{1 + \tan^2 y} = \frac{1}{1 + x^2}.$$

所以 $$(\arctan x)' = \frac{1}{1 + x^2}.$$

同理可以推得

$$(\arccos x)' = -\frac{1}{\sqrt{1 - x^2}}, \quad (\text{arccot } x)' = -\frac{1}{1 + x^2}.$$

汇总前面所学的求导公式及求导方法，可以求初等函数的导数.

2.3.2 求导公式与法则

1. 基本初等函数的求导公式

(1) $C' = 0$；

(2) $(x^{\alpha})' = \alpha \cdot x^{\alpha-1}$ （α 是常数）；

(3) $(a^x)' = a^x \cdot \ln a, (e^x)' = e^x$；

(4) $(\log_a x)' = \dfrac{1}{x \ln a}, (\ln x)' = \dfrac{1}{x}$；

(5) $(\sin x)' = \cos x, (\cos x)' = -\sin x, (\tan x)' = \sec^2 x, (\cot x)' = -\csc^2 x$，

$(\sec x)' = \sec x \cdot \tan x, (\csc x)' = -\csc x \cdot \cot x$；

(6) $(\arcsin x)' = \dfrac{1}{\sqrt{1-x^2}}, (\arccos x)' = -\dfrac{1}{\sqrt{1-x^2}}$，

$(\arctan x)' = \dfrac{1}{1+x^2}, (\text{arccot } x)' = -\dfrac{1}{1+x^2}$.

2. 函数的四则运算的求导法则

设 $f'(x), g'(x)$ 存在，则

(1) $[f(x) \pm g(x)]' = f'(x) \pm g'(x)$；

(2) $[f(x) \cdot g(x)]' = f'(x) \cdot g(x) + f(x) \cdot g'(x), [kf(x)]' = kf'(x), k$ 是常数；

(3) $\left[\dfrac{f(x)}{g(x)}\right]' = \dfrac{f'(x)g(x) - f(x)g'(x)}{g^2(x)}, g(x) \neq 0$.

3. 复合函数的求导法则

设函数 $y = f(\varphi(x))$ 分解为 $y = f(u), u = \varphi(x), u$ 是中间变量，且 $y'_u = f'(u), u'_x = \varphi'(x)$ 存在，则 $y'_x = y'_u \cdot u'_x$.

【**例3**】 (1) 设 $y = \ln \dfrac{e^x}{\sqrt{x+2}}$，求 $y'(0)$； (2) 设 $y = \arctan(x^3 - 3^x)$，求 $y'(1)$.

解 (1) 先化简函数：$y = x - \dfrac{1}{2}\ln(x+2)$，再求导：$y' = 1 - \dfrac{1}{2(x+2)}$，故 $y'(0) = \dfrac{3}{4}$.

(2) 因为 $y' = \dfrac{1}{1+(x^3-3^x)^2} \cdot (x^3 - 3^x)' = \dfrac{3x^2 - 3^x \ln 3}{1+(x^3-3^x)^2}$，所以 $y'(1) = \dfrac{3}{5}(1 - \ln 3)$.

习 题 2.3

1. 求下列函数的导数：

(1) $y = (2x^3 - e)^{\frac{4}{3}}$；

(2) $y = \cos(x^3 - 3^x)$；

(3) $y = \arcsin\sqrt{x} + 5x - 4$；

(4) $y = 2^{\ln x}(x^3 - \sin x)$；

(5) $y = \ln(\ln x + 1)$；

(6) $y = \ln(x + \sqrt{a^2 + x^2})$；

(7) $y = \dfrac{1 + 9x^2}{\text{arccot } 3x}$；

(8) $y = \ln \dfrac{e^x - 1}{e^{-x} + 1}$.

2. 求下列函数在指定点的导数：

(1) $f(x)=\arctan\sqrt{x}$，$x=1$；

(2) $f(x)=e^{\sin x-\cos x}$，$x=0$；

(3) $f(x)=\ln(1+\ln(1+x))$，$x=0$；

(4) $f(x)=(2^{\sin x}+\sin^2 x)^2$，$x=0$.

3. 以速率为 4 m^3/s 注水进入高 8 m、上底面半径为 4 m 的倒立正圆锥形容器中，当水深为 5 m 时，水面上升的速度为多少？

4. 设函数 $y=f(3^x)\cdot 3^{f(x)}$，求 $y'(0)$ 的值，其中 $f(0)=f'(0)=0$，$f(1)=1$，$f'(1)=3$.

2.4 高 阶 导 数

由 2.1 节知道，物体作变速直线运动的速度 $v(t)$ 是路程函数 $s(t)$ 对时间 t 的导数，加速度 $a(t)$ 是速度函数 $v(t)$ 对时间 t 的导数，所以有 $a(t)=\dfrac{\mathrm{d}v}{\mathrm{d}t}=\dfrac{\mathrm{d}}{\mathrm{d}t}\left(\dfrac{\mathrm{d}s}{\mathrm{d}t}\right)$ 或 $a(t)=(s'(t))'$. 一般地，函数 $f(x)$ 的导数 $f'(x)$ 仍然是 x 的函数，满足可导条件时，可以再次对 x 求导.

定义 设函数 $f(x)$ 在区间 (a,b) 内可导，若 $f'(x)$ 在 (a,b) 内可导，则称 $f'(x)$ 的导数 $(f'(x))'$ 为 $f(x)$ 的**二阶导数**，记为 $f''(x)$ 或 $f^{(2)}(x)$ 或 $\dfrac{\mathrm{d}^2 y}{\mathrm{d}x^2}$；类似地，称 $f(x)$ 的二阶导数 $f''(x)$ 的导数 $(f''(x))'$ 为 $f(x)$ 的**三阶导数**，记为 $f'''(x)$ 或 $f^{(3)}(x)$ 或 $\dfrac{\mathrm{d}^3 y}{\mathrm{d}x^3}\cdots$；称 $f(x)$ 的 $n-1$ 阶导数 $f^{(n-1)}(x)$ 的导数 $(f^{(n-1)}(x))'$ 为 $f(x)$ 的 n 阶导数，记为 $f^{(n)}(x)$ 或 $\dfrac{\mathrm{d}^n y}{\mathrm{d}x^n}$.

【例1】 求下列函数的二阶导数 $f''(x)$：

(1) $f(x)=3x^4+4x^2-3x+1$；   (2) $f(x)=e^{nx}\cdot\sin 2x$.

解 (1) $f'(x)=12x^3+8x-3$，$f''(x)=36x^2+8$；

(2) $f'(x)=(e^{nx})'\cdot(\sin 2x)+(e^{nx})\cdot(\sin 2x)'$

$\qquad =(e^{nx}\cdot n)\cdot\sin 2x+e^{nx}\cdot(2\cos 2x)$

$\qquad =e^{nx}\cdot(n\sin 2x+2\cos 2x)$；

$f''(x)=(e^{nx})'\cdot(n\sin 2x+2\cos 2x)+e^{nx}\cdot(n\sin 2x+2\cos 2x)'$

$\qquad =(e^{nx}\cdot n)\cdot(n\sin 2x+2\cos 2x)+e^{nx}\cdot(2n\cos 2x-4\sin 2x)$

$\qquad =e^{nx}\cdot(n^2\sin 2x+4n\cos 2x-4\sin 2x)$.

【例2】 求下列函数的高阶导数：

(1) $y=x^2\cdot 2^x$，求 y'''；   (2) $y=e^{2x}+\sin^2 x$，求 $y^{(4)}$.

解 (1) $y'=2x\cdot 2^x+x^2\cdot 2^x\ln 2=2^x(2x+x^2\ln 2)$，$y''=(y')'$

$\qquad =2^x\ln 2(2x+x^2\ln 2)+2^x(2+2x\ln 2)=2^x(x^2\ln^2 2+4x\ln 2+2)$

$y'''=(y'')'=2^x\ln 2(x^2\ln^2 2+4x\ln 2+2)+2^x(2x\ln^2 2+4\ln 2)$

$$= 2^x(x^2\ln^3 2 + 6x\ln^2 2 + 6\ln 2);$$

(2) $y' = 2e^{2x} + 2\sin x\cos x = 2e^{2x} + \sin 2x$, $y'' = (2e^{2x} + \sin 2x)' = 4e^{2x} + 2\cos 2x$,

$y''' = (4e^{2x} + 2\cos 2x)' = 8e^{2x} - 4\sin 2x$,

$y^{(4)} = (8e^{2x} - 4\sin 2x)' = 16e^{2x} - 8\cos 2x$.

【例3】 求下列函数的 n 阶导数:

(1) e^x;　　　　　　　　(2) $\sin x$;　　　　　　　　(3) $\ln(1+x)$.

解　(1) $(e^x)' = e^x$, $(e^x)'' = e^x$, $(e^x)''' = e^x$, $\cdots$, 所以 $(e^x)^{(n)} = e^x$;

(2) $(\sin x)' = \cos x = \sin\left(x + \dfrac{\pi}{2}\right)$, $(\sin x)'' = \cos\left(x + \dfrac{\pi}{2}\right) = \sin\left(\left(x + \dfrac{\pi}{2}\right) + \dfrac{\pi}{2}\right) =$

$\sin\left(x + \dfrac{2\pi}{2}\right)$, $(\sin x)''' = \cos\left(x + \dfrac{2\pi}{2}\right) = \sin\left(\left(x + \dfrac{2\pi}{2}\right) + \dfrac{\pi}{2}\right) = \sin\left(x + \dfrac{3\pi}{2}\right)$, $\cdots$, 所以

$(\sin x)^{(n)} = \sin\left(x + n \cdot \dfrac{\pi}{2}\right)$, $n \in \mathbf{N}$;

同理可得: $(\cos x)^{(n)} = \cos\left(x + n \cdot \dfrac{\pi}{2}\right)$, $n \in \mathbf{N}$;

(3) $(\ln(1+x))' = \dfrac{1}{1+x}$, $(\ln(1+x))'' = -\dfrac{1}{(1+x)^2}$, $(\ln(1+x))''' = \dfrac{2}{(1+x)^3}$, $\cdots$,

所以 $[\ln(1+x)]^{(n)} = (-1)^{n-1}\dfrac{(n-1)!}{(1+x)^n}$, $n \in \mathbf{N}$.

习　题　2.4

1. 求下列函数的二阶导数:

(1) $y = (x^3 - \ln x)^2$;　　　　　　　　(2) $y = (1 + x^2)\arctan x$;

(3) $y = 2^x + \sin^2 x$.

2. 函数 $y = A\sin(\omega t + \varphi)$ （A, ω, φ 是常数）是否满足方程:

$$\frac{\mathrm{d}^2 y}{\mathrm{d}t^2} + \omega^2 y = 0$$

3. 求下列函数的高阶导数:

(1) $y = \dfrac{\ln x}{1 + x}$, 求 y'';　　　　　　　　(2) $y = x^4\ln x + \ln(1+x)$, 求 $y^{(4)}$.

4. 求下列函数的 n 阶导数:

(1) $y = a^x$;　　　　　　　　(2) $y = \sin^2 x$.

5. 设 $f''(x)$ 存在, 求函数的二阶导数 $\dfrac{\mathrm{d}^2 y}{\mathrm{d}x^2}$.

(1) $y = f(x^3)$;　　　　　　　　(2) $y = \ln[f(x)]$.

2.5 函数的微分

在实际问题中常常遇到:当自变量 x 在某点 x_0 有一个微小的改变量 Δx 时,需要求函数的改变量 Δy,实际处理此类问题往往是求它的近似值.怎么求它的近似值呢? 微分可以解决这个问题.

2.5.1 函数微分的概念

在函数 $y=f(x)$ 中,假设自变量 x 从 x_0 变化到 $x_0+\Delta x$ 时,如何求函数 $y=f(x)$ 的改变量 $\Delta y=f(x_0+\Delta x)-f(x_0)$ 的近似值?

分析 设函数 $y=f(x)$ 在点 x_0 处可导,则

$$f'(x_0)=\lim_{\Delta x\to 0}\frac{\Delta y}{\Delta x}\Leftrightarrow \Delta y=f'(x_0)\Delta x+\alpha\Delta x,\lim_{\Delta x\to 0}\alpha=0.$$

可见当 $|\Delta x|$ 较小($|\Delta x|\ll 1$)时,Δy 可以表示为两部分 $f'(x_0)\Delta x$ 与 $\alpha\cdot\Delta x$ 的和,其中 $f'(x_0)\Delta x$ 是 Δx 的线性函数,是 Δy 的主要部分,称它为 Δx 的线性主部,而 $\lim_{\Delta x\to 0}\alpha=0$,故 $\alpha\cdot\Delta x$ 是比 Δx 高阶的无穷小.因此,若 $f'(x_0)\neq 0$,$|\Delta x|$ 较小时,就可以忽略 $\alpha\cdot\Delta x$,用 $f'(x_0)\Delta x$ 来近似代替 Δy.

1. 微分定义

设函数 $y=f(x)$ 在点 x_0 的邻域内有定义,x_0 及 $x_0+\Delta x$ 都在点 x_0 的邻域内,如果函数的增量 $\Delta y=f(x_0+\Delta x)-f(x_0)$ 可表示为 $\Delta y=A\Delta x+o(\Delta x)$,其中 A 是不依赖于 Δx 的常数,$o(\Delta x)$ 是比 Δx 高阶的无穷小,则称函数 $y=f(x)$ 在点 x_0 **可微**,称 $A\Delta x$ 是函数 $y=f(x)$ 在点 x_0 的**微分**,记作 $\mathrm{d}y$,即 $\mathrm{d}y=A\Delta x$.

微分定义说明了当 $|\Delta x|$ 较小时,可以用函数的微分 $\mathrm{d}y$ 近似计算函数的改变量 Δy.

2. 微分公式

设函数 $y=f(x)$ 在 x 处可微,则微分 $\mathrm{d}y=f'(x)\mathrm{d}x$.

分析 $y=f(x)$ 在点 x 处可微$\Leftrightarrow\Delta y=f(x+\Delta x)-f(x)=A\Delta x+o(\Delta x)\Leftrightarrow\frac{\Delta y}{\Delta x}=A+\frac{o(\Delta x)}{\Delta x}\Leftrightarrow$取极限,$f'(x)=A$,故函数的微分 $\mathrm{d}y=A\Delta x=f'(x)\Delta x$,又当 $y=x$ 时,$\mathrm{d}y(=\mathrm{d}x)=y'\Delta x=\Delta x$,故函数 $y=f(x)$ 在 x 处的微分 $\mathrm{d}y=f'(x)\mathrm{d}x$.

从微分公式可见:$\frac{\mathrm{d}y}{\mathrm{d}x}=f'(x)$,即函数微分 $\mathrm{d}y$ 与自变量微分 $\mathrm{d}x$ 之商等于该函数的导数,因此,导数又称为"微分之商",简称"微商".可见,对于一元函数来说,可导必可微,可微必可导.

【例 1】 求下列函数的微分：

(1) $y = \tan x \cdot \arcsin x$；   (2) $y = e^{\frac{3+x}{3-x}}$.

解 (1) $dy = y'dx = (\tan x \cdot \arcsin x)'dx$

$$= [(\tan x)'\arcsin x + \tan x(\arcsin x)']dx = \left(\sec^2 x \cdot \arcsin x + \frac{\tan x}{\sqrt{1-x^2}}\right)dx;$$

(2) $dy = y'dx = \left(e^{\frac{3+x}{3-x}}\right)'dx$

$$= e^{\frac{3+x}{3-x}} \cdot \left(\frac{3+x}{3-x}\right)'dx = \frac{6e^{\frac{3+x}{3-x}}}{(3-x)^2}dx.$$

3. 微分的几何意义

如图 2.5.1 所示，函数 $y = f(x)$ 在 x_0 点的微分 dy 的几何意义是：曲线 $f(x)$ 在点 x_0 处的切线的纵坐标对应于 Δx 的增量.

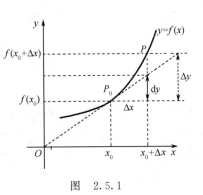

图 2.5.1

2.5.2 微分的计算

由公式 $dy = f'(x)dx$ 和基本初等函数的求导公式，容易得到基本初等函数的微分公式.

1. 基本初等函数的微分公式

(1) $d(C) = 0$；

(2) $d(x^\alpha) = \alpha \cdot x^{\alpha-1}dx$；

(3) $d(a^x) = a^x \ln a \, dx, d(e^x) = e^x dx$；

(4) $d(\log_a x) = \frac{1}{x \ln a}dx, d(\ln x) = \frac{1}{x}dx$；

(5) $d(\sin x) = \cos x \, dx, d(\cos x) = -\sin x \, dx$,

$d(\tan x) = \sec^2 x \, dx, d(\cot x) = -\csc^2 x \, dx$,

$d(\sec x) = \sec x \cdot \tan x \, dx, d(\csc x) = -\csc x \cdot \cot x \, dx$；

(6) $d(\arcsin x) = \frac{1}{\sqrt{1-x^2}}dx, d(\arccos x) = -\frac{1}{\sqrt{1-x^2}}dx$,

$d(\arctan x) = \frac{1}{1+x^2}dx, d(\text{arccot}\, x) = -\frac{1}{1+x^2}dx$.

由公式 $dy = f'(x)dx$ 和函数的四则运算的求导法则，容易得到函数的四则运算的微分法则.

2. 函数的四则运算微分法则

设 $u = u(x), v = v(x)$ 都在 x 处可导，则

(1) $d(u \pm v) = du \pm dv$；

(2) $d(u \cdot v) = v du + u dv$, $d(k \cdot u) = k du (k \in \mathbf{R})$；

(3) $\mathrm{d}\left(\dfrac{u}{v}\right)=\dfrac{v\,\mathrm{d}u-u\,\mathrm{d}v}{v^2}(v\neq0).$

由公式 $\mathrm{d}y=f'(x)\mathrm{d}x$ 和复合函数的求导法则,容易得到复合函数的微分法则.

3. 复合函数的微分法则

设函数 $y=f(\varphi(x))$ 由函数 $y=f(u),u=\varphi(x)$ 复合而成,u 是中间变量,且 $u_x=\varphi'(x)$,$y'_u=f'(u)$ 存在,则复合函数 $y=f(\varphi(x))$ 的微分为

$$\mathrm{d}y=[f(\varphi(x))]'\mathrm{d}x=f'(u)\cdot\varphi'(x)\mathrm{d}x=f'(u)\mathrm{d}u.$$

上式说明:不论 u 是中间变量还是自变量,函数 y 的微分都可以表示为 $\mathrm{d}y=f'(u)\mathrm{d}u$,这称为**一阶微分形式的不变性**.

【例 2】 利用函数的微分法则,求下列函数的微分:

(1) $y=\dfrac{\mathrm{e}^x+\ln x}{1+x^2}$;　　　　　　　　(2) $y=\sin(\ln(x^2+2x))$.

解 (1) $\mathrm{d}y=\mathrm{d}\left(\dfrac{\mathrm{e}^x+\ln x}{1+x^2}\right)=\dfrac{(1+x^2)\mathrm{d}(\mathrm{e}^x+\ln x)-(\mathrm{e}^x+\ln x)\mathrm{d}(1+x^2)}{(1+x^2)^2}$

$=\dfrac{(1+x^2)(\mathrm{d}\mathrm{e}^x+\mathrm{d}\ln x)-(\mathrm{e}^x+\ln x)(\mathrm{d}1+\mathrm{d}x^2)}{(1+x^2)^2}$

$=\dfrac{(1+x^2)\left(\mathrm{e}^x\mathrm{d}x+\dfrac{1}{x}\mathrm{d}x\right)-(\mathrm{e}^x+\ln x)2x\mathrm{d}x}{(1+x^2)^2}$

$=\dfrac{(1+x^2)\left(\mathrm{e}^x+\dfrac{1}{x}\right)-2x(\mathrm{e}^x+\ln x)}{(1+x^2)^2}\mathrm{d}x$;

(2) $\mathrm{d}y=\mathrm{d}\sin(\ln(x^2+2x))$

$=\cos(\ln(x^2+2x))\mathrm{d}\ln(x^2+2x)=\dfrac{\cos(\ln(x^2+2x))}{x^2+2x}\mathrm{d}(x^2+2x)$

$=\dfrac{\cos(\ln(x^2+2x))}{x^2+2x}(\mathrm{d}(x^2)+\mathrm{d}(2x))=\dfrac{\cos(\ln(x^2+2x))}{x^2+2x}(2x\mathrm{d}x+2\mathrm{d}x)$

$=\dfrac{2(x+1)\cos(\ln(x^2+2x))}{x^2+2x}\mathrm{d}x.$

上面两个例子是已知 $f(x)$ 求 $\mathrm{d}f(x)$,有时,需要将 $f(x)\mathrm{d}x$ 写成 $\mathrm{d}F(x)$,就是要求函数 $F(x)$,得 $F'(x)=f(x)$,于是,$f(x)\mathrm{d}x=F'(x)\mathrm{d}x=\mathrm{d}F(x)$. 这称为求“$f(x)$ 的原函数”,它与求 $f(x)$ 的导数互为逆运算.

【例 3】 填空题.

(1) $x^2\mathrm{d}x=\mathrm{d}(\qquad)$;　(2) $\sin(x+2)\mathrm{d}x=\mathrm{d}(\qquad)$;　(3) $\dfrac{1}{1+x^2}\mathrm{d}x=\mathrm{d}(\qquad)$.

解 (1) 因为 $\left(\dfrac{x^3}{3}+C\right)'=x^2$，所以

$$x^2\,\mathrm{d}x=\left(\dfrac{x^3}{3}+C\right)'\mathrm{d}x=\mathrm{d}\left(\dfrac{x^3}{3}+C\right);$$

(2) 因为 $[-\cos(x+2)+C]'=\sin(x+2)$，所以

$$\sin(x+2)\mathrm{d}x=[-\cos(x+2)+C]'\mathrm{d}x=\mathrm{d}[-\cos(x+2)+C];$$

(3) 因为 $(\arctan x+C)'=\dfrac{1}{1+x^2}$，所以

$$\dfrac{1}{1+x^2}\mathrm{d}x=(\arctan x+C)'\mathrm{d}x=\mathrm{d}(\arctan x+C).$$

2.5.3 微分在近似计算中的运用

因为 $|\Delta x|$ 很小时，$\Delta y\approx\mathrm{d}y$，所以可以利用 $f(x_0+\Delta x)-f(x_0)\approx f'(x_0)\Delta x$ 或 $f(x_0+\Delta x)\approx f(x_0)+f'(x_0)\Delta x$ 求 Δy 或 $f(x_0+\Delta x)$，这里要根据题目恰当选择 x_0，使 $f(x_0)$，$f'(x_0)$ 容易求出.

【例 4】 近似计算 $\sqrt[3]{996}$ 的值.

解 令 $f(x)=\sqrt[3]{x}$，$x_0=1\,000$，$\Delta x=-4$.

因为 $f(x_0+\Delta x)\approx f(x_0)+f'(x_0)\Delta x$，$f(x_0)=10$，$f'(x_0)=\dfrac{1}{3\sqrt[3]{x^2}}\Big|_{x=1000}=\dfrac{1}{300}$，

所以

$$\sqrt[3]{996}\approx10-\dfrac{4}{300}=\dfrac{148}{15}=9.98\dot6.$$

【例 5】 证明：当 $|x|$ 很小时，(1) $\mathrm{e}^x\approx1+x$； (2) $\sin x\approx x$.

证明 因为当 $|x|$ 很小时，令 $x_0=0$，$\Delta x=x$，由 $f(x_0+\Delta x)\approx f(x_0)+f'(x_0)\Delta x$ 得 $f(x)\approx f(0)+f'(0)x$.

(1) $f(x)=\mathrm{e}^x$，$f(0)=1$，$f'(0)=1$，所以 $\mathrm{e}^x\approx1+x$.

(2) $f(x)=\sin x$，$f(0)=0$，$f'(0)=\cos 0=1$，所以 $\sin x\approx x$.

一般地，当 $|x|$ 很小时，有

(1) $\mathrm{e}^x\approx1+x$； (2) $\ln(1+x)\approx x$； (3) $\sin x\approx x$；

(4) $\tan x\approx x$； (5) $\sqrt[n]{1+x}\approx1+\dfrac{x}{n}$； (6) $\arcsin x\approx x$.

习 题 2.5

1. 求下列函数的微分：

(1) $y=\dfrac{1-2x+3x^2+x^3}{x}$； (2) $y=\ln^3(3-x^2)$；

(3) $y = 2^x \cdot \arctan 3x$;　　　　　　　　　　(4) $y = \dfrac{\sin 3x + \cos 3x}{x}$;

(5) $y = 2\arcsin \sqrt{x} - 4\sqrt{\arcsin x}$;　　　　(6) $y = \sin^2 \dfrac{1+x}{1-x}$.

2. 将适当的函数填入括号内,使等式成立:

(1) d(　　　　) $= -2\mathrm{d}x$;　　　　　　(2) d(　　　　) $= 3x^3 \mathrm{d}x$;

(3) d(　　　　) $= \dfrac{1}{1+x^2} \mathrm{d}x$;　　　　(4) d(　　　　) $= \sin 2x \, \mathrm{d}x$;

(5) d(　　　　) $= -\dfrac{1}{\sqrt{x+1}} \mathrm{d}x$;　　　(6) d(　　　　) $= \sec^2 3x \, \mathrm{d}x$.

3. 求近似值:

(1) $\sin 134°$;　　　　　　　　　　　(2) $\arctan 1.002$;

(3) $\ln 1.003$;　　　　　　　　　　　(4) $\sqrt[6]{65}$.

4. 证明:当 $|x|$ 很小时,(1) $\ln(1+x) \approx x$;(2) $\arcsin x \approx x$.

2.6　用 MATLAB 求导数

通过学习第 2 章的知识,我们了解到函数的导数是很重要的数学概念,很多实际问题都需要计算函数的导数,但有时计算过程却很麻烦,下面介绍用 MATLAB 求函数的导数.求导的命令如表 2.6.1 所示.

表　2.6.1

命　令	说　　明
diff(f,x,n)	求函数表达式 f 对 x 的 n 阶导数,省略 n 表示求一阶导数
subs(diff(f,x,n),k)	求函数表达式 f 对 x 的 n 阶导数在 $x = k$ 的值

【例1】　用 MATLAB 求下列函数的一阶导数:

(1) $y = \ln \sqrt{\dfrac{1+\sin x}{1-\sin x}}$;　　　(2) $y = \dfrac{\mathrm{e}^{\sin x}}{\cos(\ln x)}$;　　　(3) $y = \arccos \dfrac{2^x}{x^2}$.

解　(1) >> syms x　　% 定义符号变量

　　　　>> y = 1/2 * log((1 + sin(x))/(1 - sin(x)));　% 定义函数 $y = \dfrac{1}{2} \ln \dfrac{1+\sin x}{1-\sin x}$

　　　　>> y1 = diff(y,x)　　　　　　　　　% 求导数 y1

　　　　按 Enter 键,

　　　　y1 = 1/2 * (cos(x)/(1 - sin(x)) + (1 + sin(x))/(1 - sin(x))^2 * cos(x))/(1 + sin(x)) *

　　　　　　(1 - sin(x))

$$\% \quad y1 = \frac{1}{2} \cdot \frac{\dfrac{\cos x}{1-\sin x} + \dfrac{1+\sin x}{(1-\sin x)^2} \cdot \cos x}{1+\sin x} \cdot (1-\sin x)$$

>> y2 = simplify(y1)　　　　　　　　% 化简 y1 结果,得 y2

按 Enter 键,

y2 = 1/cos (x)

所以　$y' = \dfrac{1}{\cos x}$.

（注：一般情况下,遇到较复杂的式子优先考虑用 simplify()命令进行化简）.

（2）　>> f = diff(exp(sin(x))/cos (log(x)),x)　　% 求函数 $y = \dfrac{e^{\sin x}}{\cos(\ln x)}$ 的导数 f

f = cos (x) * exp(sin(x))/cos (log(x)) + exp(sin(x))/cos (log(x)^2 * sin(log(x))/x

$\% \quad f = \dfrac{\cos x \cdot e^{\sin x}}{\cos \ln x} + \dfrac{e^{\sin x} \cdot \sin \ln x}{x\cos^2 \ln x}$

>> f1 = simplify(f)　　　　　　　　%化简 f,得结果 f1

按 Enter 键,

f1 = exp(sin(x)) * (cos (x) * cos (log(x)) * x + sin(log(x)))/cos (log(x))^2/x

所以　$y' = \dfrac{e^{\sin x}(x\cos x \cdot \cos \ln x + \sin \ln x)}{x\cos^2 \ln x}$.

（此例的结果化简与不化简,相差不大）

（3）>> f1 = diff(acos (2^x/x^2),x)　　% 求 $y = \arccos \dfrac{2^x}{x^2}$ 的导数 f1

按 Enter 键,

f1 = -(2^x * log(2)/x^2 - 2 * 2^x/x^3)/(1 - (2^x)^2/x^4)^(1/2)

　>> f2 = simplify(f1)

按 Enter 键,

f2 = -2^x * (x * log(2) - 2)/x^3/((x^4 - 4^x)/x^4)^(1/2)

所以 $y' = -\dfrac{2^x(x\ln 2 - 2)}{x^3 \sqrt{\dfrac{x^4 - 4^x}{x^4}}} = -\dfrac{2^x(x\ln 2 - 2)}{x\sqrt{x^4 - 4^x}}$.

【例 2】 用 MATLAB 求下列函数的导数：

（1）$y = e^{x^2} - \sin^2 x$,求 y'';　　　　　　　　（2）$y = x^2 + \sqrt{1+x^2}$,求 y'''.

解　（1）>> syms x　% 定义符号变量

>> y = exp(x^2) - sin(x)^2;y1 = diff(y,x,2)　% 定义函数 $y = e^{x^2} - \sin^2 x$,求 y''

按 Enter 键,

y1 = 2 * exp(x^2) + 4 * x^2 * exp(x^2) - 2 * cos (x)^2 + 2 * sin(x)^2

>> y2 = simplify(y1)　% 化简 y1 结果

按 Enter 键，

```
y2 = 2 * exp(x^2) + 4 * x^2 * exp(x^2) - 2 * cos(2 * x)
```

所以 $y'' = 2\mathrm{e}^{x^2} + 4x^2\mathrm{e}^{x^2} - 2\cos 2x = 2\mathrm{e}^{x^2}(1 + 2x^2) - 2\cos 2x.$

（2）>> y = x^2 + sqrt(1 + x^2);y1 = diff(y,x,3)

　% 定义函数 $y = x^2 + \sqrt{1 + x^2}$，求 y'''

按 Enter 键，

```
y1 = 3/(1 + x^2)^(5/2) * x^3 - 3/(1 + x^2)^(3/2) * x
```

所以 $y''' = \dfrac{3x^3}{\sqrt{(1+x^2)^5}} - \dfrac{3x}{\sqrt{(1+x^2)^3}}.$

【例3】 用 MATLAB 求下列函数的导数值：

（1）$y = \sin^4 x - 2\cos 3x$，求 $y'''\Big|_{x=\frac{\pi}{2}}$；

（2）$y = \dfrac{2^x + x^2}{\sqrt{x + \sqrt{x}}}$，求 $y^{(5)}\Big|_{x=9}.$

解 （1）　>> syms x

　　　　　　>> y = sin(x)^4 - 2 * cos (3 * x);

　　　　　　>> a = subs(diff(y,x,3),pi/2)　% 求 $y'''\Big|_{x=\frac{\pi}{2}}$

　　　　　　按 Enter 键，

　　　　　　```
a = 54
```

所以 $y'''\Big|_{x=\frac{\pi}{2}} = 54.$

（2）>> y = (2^x + x^2)/sqrt(x + sqrt(x));

　　　　>> b = subs(diff(y,x,5),9)　　　　　　　　% 求 $y^{(5)}|_{x=9}$

　　　按 Enter 键，

　　　```
b = 17.9657
```

所以 $y^{(5)}|_{x=9} = 17.9657.$

习　题　2.6

1. 用 MATLAB 求下列函数的一阶导数：

（1）$y = 4^{\cot x + \cos x}$；

（2）$y = (x^4 + 3x^2 + 5)\sin x$；

（3）$y = 5\cos \ln x - 6\arctan \sqrt{x}.$

2. 用 MATLAB 求下列函数的导数：

（1）设函数 $y = 3x^2 - \mathrm{e}^{3x^3}$，求 y'''，$y^{(4)}|_{x=1}$；

（2）设函数 $y = 5^x + \ln(2x + 5)$，求 $y^{(4)}$，$y^{(3)}\big|_{x=1}$.

小结

2.1　导数的概念

主要内容与要求

1. 掌握自变量的改变量 Δx，函数的改变量 $\Delta y = f(x_0 + \Delta x) - f(x_0)$ 的定义.

2. 理解两个实例：(1) 物体沿直线作变速运动在 t_0 时刻的瞬时速度 $v(t_0)$；(2) 曲线 $y = f(x)$ 在点 P_0 处的切线斜率，并会归纳求解实例的数学模型，理解导数 $f'(x_0) = \lim\limits_{\Delta x \to 0} \dfrac{\Delta y}{\Delta x} = \lim\limits_{\Delta x \to 0} \dfrac{f(x_0 + \Delta x) - f(x_0)}{\Delta x}$ 的定义，了解 $f'(x)$，$f'(x_0)$，$[f(x_0)]'$ 的区别.

3. 了解左导数 $f'_-(x_0) = \lim\limits_{\Delta x \to 0^-} \dfrac{\Delta y}{\Delta x}$，右导数 $f'_+(x_0) = \lim\limits_{\Delta x \to 0^+} \dfrac{\Delta y}{\Delta x}$ 的定义，会判断分段函数在分界点是否可导.

4. 掌握常量函数、指数函数、对数函数、部分三角函数（$\sin x$，$\cos x$）的求导公式.

5. 理解导数的几何意义：$k = f'(x_0)$，并会求函数 $f(x)$ 在 x_0 点的切线、法线方程.

知道导数的物理意义：$v(t_0) = s'(t_0)$，$a(t_0) = v'(t_0)$；知道导数的经济意义：边际成本 $C'(q)$、边际收益 $R'(q)$、边际利润 $L'(q)$ 的含义.

6. 理解函数在某点可导必连续，但连续不一定可导.

2.2　函数的四则运算的求导法则

主要内容与要求

熟练掌握函数的四则运算的求导法则，并会应用.

2.3　复合函数的求导法则

一、主要内容与要求

1. 熟练掌握复合函数的求导法则.

2. 了解 $y = \arcsin x$，$y = \arctan x$ 的导数推导的方法，掌握反三角函数的求导公式.

3. 会分析初等函数的结构，由外至内，选择法则，逐层求导.

二、方法小结

1. 求函数的导数：首先分析函数 $y = f(x)$ 的最外层结构，若找到中间变量 u，使 $y = f(u)$

为基本初等函数,则用复合函数的求导法则,若是四则运算结构,就用函数的四则运算的求导法则;其次,由外至内,选择法则,逐层求导;注意有时要先化简 $y=f(x)$,再求导.

2. 求导工具:(1) 六类基本初等函数的导数公式;(2)函数的四则运算的求导法则;(3)复合函数的求导法则.

2.4　高阶导数

一、主要内容与要求

1. 理解二阶导数的概念、求法.

2. 了解 n 阶导数的定义,了解 e^x,$\sin x$,$\cos x$,$\ln (1+x)$,$(1+x)^n$ 的 n 阶导数公式.

3. 了解二阶导数的物理意义 $a(t_0)=s''(t_0)$.

二、方法小结

1. 求二阶导数的方法:首先观察函数结构,求一阶导数;其次化简一阶导数的结果,再继续求二阶导数.注意计算要准确、仔细.

2. 求 n 阶导数的方法:同上面步骤求导,要注意归纳每一阶导数的规律.

2.5　函数的微分

一、主要内容与要求

1. 了解微分的概念,知道在 $|\Delta x|$ 很小时,$\Delta y \approx \mathrm{d}y$.

2. 了解微分的几何意义.

3. 掌握用公式 $\mathrm{d}y=y'\mathrm{d}x$ 求函数的微分;理解基本初等函数的微分公式,四则运算的微分法则,复合函数的一阶微分的形式不变性;掌握"凑微分"的方法.

4. 会用公式 $f(x_0+\Delta x)-f(x_0)\approx f'(x_0)\Delta x$ 或 $f(x_0+\Delta x)\approx f(x_0)+f'(x_0)\Delta x$ 计算 Δy 或 $f(x_0+\Delta x)$ 的近似值.

二、方法小结

1. 求函数的微分:可以用公式 $\mathrm{d}y=y'\mathrm{d}x$ 求函数的微分;也可以用微分的基本公式、两个运算法则求函数的微分.

2. 应用微分求近似值:应用 $f(x_0+\Delta x)\approx f(x_0)+f'(x_0)\Delta x$ 或 $f(x_0+\Delta x)-f(x_0)\approx f'(x_0)\Delta x$ 时,关键是设函数时,$f(x)$ 要使 $f(x_0)$,$f'(x_0)$ 容易计算.

2.6　用 MATLAB 求函数的导数

主要内容与要求

1. 掌握用命令 diff(fun,x,n)求函数 fun 的 n 阶导数.若省略 n 则表示求函数 fun 的一阶导数.

2. 掌握用命令 subs(diff(fun,x,n),k). 求函数 fun 的 n 阶导数在 $x=k$ 处的值 .

第 3 章

导数的应用

导数概念的模型来源于实践,在实践中的应用非常广泛.本章将介绍应用导数工具求解形如 "$\dfrac{0}{0}$""$\dfrac{\infty}{\infty}$""$0 \cdot \infty$""$\infty - \infty$""0^{∞}" 等形式的未定型极限、判断函数的单调性、求函数的极值与最值(包括实际问题的最值),最后介绍用 MATLAB 软件求解极值、最值问题.

3.1 洛必达法则

导数应用的理论基础是微分学的三大中值定理.为此,我们先从图形上直观地了解微分学的三大基本定理.

3.1.1 微分学中值定理

1. 拉格朗日(Lagrange)中值定理

如图 3.1.1 所示,若函数 $f(x)$ 满足:

(1) 在闭区间 $[a,b]$ 上连续;

(2) 在开区间 (a,b) 内可导.

则在区间 (a,b) 内至少有一点 $\xi(a<\xi<b)$,使得

$$f'(\xi) = \frac{f(b) - f(a)}{b - a}.$$

几何解释:在 (a,b) 内至少有一点 $\xi(a<\xi<b)$,使得曲线 $f(x)$ 在点 $(\xi_1, f(\xi))$ 处的切线平行于 $A(a, f(a))$,$B(b, f(b))$ 两端点的连线.

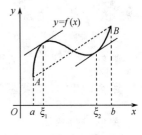

图 3.1.1

🪐 **注意**

① 第 2 章学习了"常数的导数等于零",而拉格朗日中值定理说明其逆定理"导数等

注意

于零的函数是常数"也成立.

　　② 如果在拉格朗日中值定理的条件中再添加条件：$f(a) = f(b)$，则可以得到罗尔中值定理.可见罗尔中值定理是拉格朗日中值定理的特例.

2. 罗尔(Rolle)中值定理

如图 3.1.2 所示,若函数 $f(x)$ 满足：

(1) 在闭区间 $[a, b]$ 上连续；

(2) 在开区间 (a, b) 内可导；

(3) $f(a) = f(b)$，

则在区间 (a, b) 内至少有一点 $\xi(a < \xi < b)$，使得

$$f'(\xi) = 0.$$

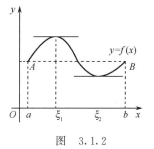

几何解释：在 (a, b) 内至少有一点 $\xi(a < \xi < b)$，使得曲线 $f(x)$ 在 $(\xi, f(\xi))$ 点的切线平行于 x 轴.

图　3.1.2

3. 柯西(Cauchy)中值定理

若函数 $f(x), g(x)$ 满足：

(1) 在闭区间 $[a, b]$ 上连续；

(2) 在开区间 (a, b) 内可导且 $g'(x) \neq 0$，

则在区间 (a, b) 内至少有一点 $\xi(a < \xi < b)$，使得

$$\frac{f(b) - f(a)}{g(b) - g(a)} = \frac{f'(\xi)}{g'(\xi)}$$

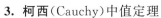 **注意**

　　柯西中值定理是拉格朗日中值定理的推广,由柯西中值定理可以证明洛必达法则.

3.1.2　洛必达(L'Hospital)法则及其应用

　　学习第 1 章时已经知道,对于 "$\dfrac{0}{0}$" "$\dfrac{\infty}{\infty}$" "$0 \cdot \infty$" "$\infty - \infty$" "0^∞" "1^∞" 等形式的未定型极限,可以做适当的变形来确定其极限.对此类极限,还可以考虑用以下的洛必达法则计算.

　　定理(洛必达法则)　设在自变量的某个极限过程下,不妨记作 $x \to a$,若 $f(x), g(x)$ 满足

(1) $\lim\limits_{x \to a} \dfrac{f(x)}{g(x)}$ 是 "$\dfrac{0}{0}$" 或 "$\dfrac{\infty}{\infty}$" 型；

(2) 在点 a 的某个去心邻域内,$f'(x), g'(x)$ 存在,且 $g'(x) \neq 0$；

(如果 $x \to \infty$，要求当 $|x| > N$ 时(N 是正整数)，$f'(x), g'(x)$ 存在,且 $g'(x) \neq 0$)

(3) $\lim\limits_{x \to a} \dfrac{f'(x)}{g'(x)}$ 为 $\begin{cases} A & (A \text{ 是常数}) \\ \infty & \\ \text{仍为 “}\dfrac{0}{0}\text{” 或 “}\dfrac{\infty}{\infty}\text{” 型} \end{cases}$ 三者之一，

则有

$$\lim_{x \to a} \frac{f(x)}{g(x)} = \lim_{x \to a} \frac{f'(x)}{g'(x)}.$$

注　意

① 使用洛必达法则的首要条件：$\lim\limits_{x \to a} \dfrac{f(x)}{g(x)}$ 是 “$\dfrac{0}{0}$” 或 “$\dfrac{\infty}{\infty}$” 型，其次计算极限的过程中要验证洛必达法则的第(2)、第(3)条件；

② 若使用了一次洛必达法则，$\lim\limits_{x \to a} \dfrac{f'(x)}{g'(x)}$ 仍是 “$\dfrac{0}{0}$” 或 “$\dfrac{\infty}{\infty}$” 型，则可以再次使用洛必达法则，但应确保极限满足洛必达法则的条件；

③ 若极限 $\lim\limits_{x \to a} \dfrac{f(x)}{g(x)}$ 不满足洛必达法则的条件，可以改用其他方法判断、计算极限.

【例1】 求下列极限：

(1) $\lim\limits_{x \to 1} \dfrac{1 - x + 2\ln x}{x^4 - x^2}$；　　　　　　(2) $\lim\limits_{x \to +\infty} \dfrac{x^n}{e^{mx}}$（$m, n$ 为正整数）；

(3) $\lim\limits_{x \to 0^+} \dfrac{\ln \sin x}{\ln \tan x}$.

解　(1) 原式 $\left(\text{“}\dfrac{0}{0}\text{”}\right) = \lim\limits_{x \to 1} \dfrac{(1 - x + 2\ln x)'}{(x^4 - x^2)'} = \lim\limits_{x \to 1} \dfrac{-1 + \dfrac{2}{x}}{4x^3 - 2x} = \dfrac{1}{2}$；

思考：使用洛必达法则求极限的一次循环程序是什么？

(2) 原式 $\left(\text{“}\dfrac{\infty}{\infty}\text{”}\right) = \lim\limits_{x \to +\infty} \dfrac{nx^{n-1}}{me^{mx}} \left(\text{“}\dfrac{\infty}{\infty}\text{”}\right) = \lim\limits_{x \to +\infty} \dfrac{n(n-1)x^{n-2}}{m^2 e^{mx}} \left(\text{“}\dfrac{\infty}{\infty}\text{”}\right) =$

$\cdots$（连续用 n 次洛必达法则）$= \lim\limits_{x \to +\infty} \dfrac{n!}{m^n e^{mx}} = 0$；

(3) 原式 $\left(\text{“}\dfrac{\infty}{\infty}\text{”}\right) = \lim\limits_{x \to 0^+} \dfrac{\dfrac{\cos x}{\sin x}}{\dfrac{\sec^2 x}{\tan x}} = \lim\limits_{x \to 0^+} \dfrac{\tan x}{\sin x} \cdot \dfrac{\cos x}{\sec^2 x} \xlongequal{\text{整理}} \lim\limits_{x \to 0^+} \cos^2 x = 1.$

思考：① 使用一次洛必达法则后，对结果进行整理与不整理有何区别？

② 对于 “$\infty \cdot 0$”“$\infty - \infty$”“1^∞” 等未定型极限，怎样变形才能用洛必达法则求极限？

【例 2】 求下列极限：

(1) $\lim\limits_{x \to -\infty} x\left(\dfrac{\pi}{2} + \arctan x\right)$；　　　　　(2) $\lim\limits_{x \to 0}\left(\dfrac{3}{\sin 3x} - \dfrac{1}{x}\right)$；

(3) $\lim\limits_{x \to 0^+}(\sin x)^x$.

解　(1) 原式$(``\infty \cdot 0")= \lim\limits_{x \to -\infty} \dfrac{\dfrac{\pi}{2} + \arctan x}{\dfrac{1}{x}}\left(``\dfrac{0}{0}"\right) = \lim\limits_{x \to -\infty}\dfrac{\dfrac{1}{1+x^2}}{-\dfrac{1}{x^2}}$

$$= -\lim\limits_{x \to -\infty}\dfrac{x^2}{1+x^2}\left(``\dfrac{\infty}{\infty}"\right) = -\lim\limits_{x \to -\infty}\dfrac{2x}{2x} = -1.$$

思考： 如何将 "$0 \cdot \infty$" 未定式极限化为 "$\dfrac{0}{0}$" 或 "$\dfrac{\infty}{\infty}$" 型的极限？

(2) 原式$(``\infty - \infty") = \lim\limits_{x \to 0}\dfrac{3x - \sin 3x}{x\sin 3x}\left(``\dfrac{0}{0}"\right) = \lim\limits_{x \to 0}\dfrac{3 - 3\cos 3x}{\sin 3x + 3x\cos 3x}\left(``\dfrac{0}{0}"\right)$

$$\lim\limits_{x \to 0}\dfrac{9\sin 3x}{3\cos 3x + 3\cos 3x - 9x\sin 3x} = \dfrac{0}{6} = 0.$$

思考： 如何将 "$\infty - \infty$" 未定式极限化为 "$\dfrac{0}{0}$" 或 "$\dfrac{\infty}{\infty}$" 型的极限？

(3) 由高中知识：$N = e^{\ln N}$，$(N > 0)$，故

$$f(x)^{g(x)} = e^{\ln f(x)^{g(x)}} = e^{g(x)\ln f(x)},$$

因此　　　　　　　　　$\lim\limits_{x \to a} f(x)^{g(x)} = e^{\lim\limits_{x \to a} g(x)\ln f(x)},$

所以　　　　　　原式$(``0^0") = \lim\limits_{x \to 0^+} e^{x\ln\sin x} = e^{\lim\limits_{x \to 0^+} x\ln\sin x}.$

因为　　　$\lim\limits_{x \to 0^+} x\ln\sin x(``0 \cdot \infty") = \lim\limits_{x \to 0^+}\dfrac{\ln\sin x}{\dfrac{1}{x}}\left(``\dfrac{\infty}{\infty}"\right) = \lim\limits_{x \to 0^+}\dfrac{\dfrac{\cos x}{\sin x}}{-\dfrac{1}{x^2}}$

$$\xlongequal{\text{整理}} \lim\limits_{x \to 0^+} -\dfrac{x\cos x}{\dfrac{\sin x}{x}} = 0,$$

所以　　　　　　　　　　　　　　原式 $= e^0 = 1.$

思考： 如何将 "0^0""∞^0""1^∞"… 未定式极限化为 "$\dfrac{0}{0}$" 或 "$\dfrac{\infty}{\infty}$" 型的极限？

【例 3】 求 $\lim\limits_{x \to +\infty}\dfrac{\sqrt{3+x^2}}{x}$.

解　原式$\left(``\dfrac{\infty}{\infty}"\right) = \lim\limits_{x \to +\infty}\dfrac{\dfrac{x}{\sqrt{3+x^2}}}{1}\left(``\dfrac{\infty}{\infty}"\right) = \lim\limits_{x \to +\infty}\dfrac{\sqrt{3+x^2}}{x}.$

使用了两次洛必达法则,却转回到原题,说明此类极限用洛必达法则计算失效,可见洛必达法则不是万能的.

另解　原式$=\lim\limits_{x\to+\infty}\sqrt{\dfrac{3+x^2}{x^2}}=\lim\limits_{x\to+\infty}\sqrt{\dfrac{3}{x^2}+1}=1.$

习　题　3.1

1. 判断题：

(1)洛必达法则是一种求解函数极限的工具．　　　　　　　　　　　　(　　)

(2)洛必达法则只能够用于求解"$\dfrac{0}{0}$"型极限未定式的极限．　　　　(　　)

(3)"$\dfrac{\infty}{\infty}$"型极限未定式的极限用洛必达法则一定可以求解．　　(　　)

(4)$\lim\limits_{x\to\infty}\dfrac{e^x}{x^6}=\lim\limits_{x\to+\infty}\left(\dfrac{e^x}{x^6}\right)'.$　　　　　　　　　　(　　)

(5)$\lim\limits_{x\to0}\dfrac{\sin2019x}{2018x}=\dfrac{2019}{2018}.$

2. 填空题：

(1)$\lim\limits_{x\to+\infty}\dfrac{\ln x}{2x}\left("\dfrac{\infty}{\infty}"\right)=\lim\limits_{x\to+\infty}\dfrac{\ln' x}{(2x)'}=$_____$=$_____．

(2)$\lim\limits_{x\to0}\dfrac{\sin x}{x^4+4x}\left("\dfrac{0}{0}"\right)=\lim\limits_{x\to0}\dfrac{\cos x}{4x^3+4}=$_____．

(3)因为$\lim\limits_{x\to0}\dfrac{\sin x}{\tan x}$是_____型的极限未定式,所以$\lim\limits_{x\to0}\dfrac{\sin x}{\tan x}=$_____$=$_____$=$_____．

3. 下列各式能够用洛必达法则计算出结果的是(　　)．

A. $\lim\limits_{x\to\infty}\dfrac{\sin x^2}{x^2}$　　　　　B. $\lim\limits_{x\to+\infty}\dfrac{\sqrt{1+x^2}}{x}$

C. $\lim\limits_{x\to0}\dfrac{2x^2+3x}{x^2+1}$　　　　D. $\lim\limits_{x\to0}\dfrac{x^3}{x-\sin x}$

4. 用洛必达法则求下列极限：

(1)$\lim\limits_{x\to1}\dfrac{1-x}{x^2-x}$;　　　　　(2)$\lim\limits_{x\to\infty}\dfrac{4x^3+5x^2+1}{8x^3-2x-4}$;

(3)$\lim\limits_{x\to5}\dfrac{\ln(x-4)}{x-5}$;　　　　(4)$\lim\limits_{x\to+\infty}\dfrac{3x^2+2x-5}{e^{2x}}$;

(5)$\lim\limits_{x\to a}\dfrac{\cos x-\cos a}{x-a}$;　　(6)$\lim\limits_{x\to0}\dfrac{x^3}{2\sin x}.$

3.2 函数的单调性

在实际问题中,我们常常需要了解函数在某区间内的单调性.初等数学一般是用不等式的工具求解函数的单调区间,计算量大,本节介绍如何用导数工具来解决上述问题.

如图 3.2.1 所示,函数 $y=f(x)$ 在区间 $[a,b]$ 上单调上升,此时曲线上各点处的切线的倾斜角 α 都是锐角,即曲线上各点处的切线的斜率 $\tan\alpha>0$,即 $f'(x)>0$;

如图 3.2.2 所示,函数 $y=f(x)$ 在区间 $[a,b]$ 上单调下降,此时曲线上各点处的切线的倾斜角 α 都是钝角,即曲线上各点处的切线的斜率 $\tan\alpha<0$,即 $f'(x)<0$.

可见,函数的单调性与导数的符号有着密切的关系.反过来,能不能用导数的符号来判定函数的单调性呢? 应用拉格朗日中值定理可以证明以下定理.

定理　设函数 $y=f(x)$ 在闭区间 $[a,b]$ 上连续,在开区间 (a,b) 内可导.

(1) 若在 (a,b) 内 $f'(x)\geqslant0$,则 $y=f(x)$ 在 $[a,b]$ 上单调上升;

(2) 若在 (a,b) 内 $f'(x)\leqslant0$,则 $y=f(x)$ 在 $[a,b]$ 上单调下降.

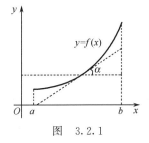 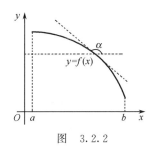

图　3.2.1　　　　　　　　　　　图　3.2.2

 注意

> 将定理中的闭区间换成其他区间(包括无穷区间),结论仍成立.

【例 1】　验证函数 $y=\arctan x$ 在定义域内单调增加,函数 $y=\log_{\frac{1}{2}}x$ 在定义域内单调减少.

验证　由于在函数 $y=\arctan x$ 的定义域 $(-\infty,+\infty)$ 内的导数 $(\arctan x)'=\dfrac{1}{1+x^2}>0$,所以函数 $y=\arctan x$ 在定义域 $(-\infty,+\infty)$ 内单调增加.

由于在函数 $y=\log_{\frac{1}{2}}x$ 的定义域 $(0,+\infty)$ 内的导数 $(\log_{\frac{1}{2}}x)'=-\dfrac{1}{x\ln 2}<0$,所以函数 $y=\log_{\frac{1}{2}}x$ 在定义域 $(0,+\infty)$ 内单调减少.

许多函数在定义域内不是单调函数,如函数 $y=x^2$ 在定义域 $(-\infty,+\infty)$ 内不是单调函数,但它在定义域的子区间 $(-\infty,0]$ 内单调下降,在子区间 $[0,+\infty)$ 内单调上升,为此我们希望寻找到那些分界点(使单调性改变的点),从而可以知道函数在每一个单调区间内的单调性.

结合 $y=x^2$,$y=x^3$(见图 1.1.9)与 $y=|x|$(见图 2.1.3)的图像,分析曲线上单调性分界点的特点,可以总结出 $y=f(x)$ 的单调性改变的分界点具有特征:$f'(x)=0$ 或 $f'(x)$ 不存在.

但是,并不是所有的使 $f'(x)=0$ 或 $f'(x)$ 不存在的点都是函数单调性的分界点,如函数 $y=x^3$ 在 $x=0$ 的导数为零,但单调性不变.

一般地,确定函数 $y=f(x)$ 的单调区间的步骤为:

(1) 确定函数 $y=f(x)$ 的定义域;

(2) 确定函数 $y=f(x)$ 单调性改变的分界点的所有可疑点(即使 $f'(x)=0$ 或 $f'(x)$ 不存在的所有点);

(3) 列表判断(把分界点的可疑点从小到大排序,划分定义域为若干子区间,确定 $f'(x)$ 在每个子区间的符号,由定理 1 可确定函数在子区间的单调性,从而可确定函数在定义域内的单调区间).

【例 2】 判定 $f(x)=4x^3-6x^2-24x+1$ 的单调性.

解 (1) 函数 $f(x)$ 的定义域是 $(-\infty,+\infty)$;

(2) $f'(x)=12x^2-12x-24=12(x-2)(x+1)$.

令 $f'(x)=0$,得 $x_1=-1,x_2=2$,没有 $f'(x)$ 不存在的点;

(3) 列表判断(见表 3.2.1):

表 3.2.1

x	$(-\infty,-1)$	-1	$(-1,2)$	2	$(2,+\infty)$
$f'(x)$	$+$	0	$-$	0	$+$
$f(x)$	↗		↘		↗

故函数 $f(x)$ 在区间 $(-\infty,-1),(2,+\infty)$ 内单调增加,在区间 $(-1,2)$ 内单调减少.

还可以利用导数的符号及单调性定义证明不等式.

【例 3】 求证:当 $x>0$ 时,$\ln(x+\sqrt{1+x^2})<x$.

证明 令 $f(x)=x-\ln(x+\sqrt{1+x^2})$.

因为
$$f'(x)=1-\frac{1+\dfrac{2x}{2\sqrt{1+x^2}}}{x+\sqrt{1+x^2}}=1-\frac{1}{\sqrt{1+x^2}},$$

所以当 $x>0$ 时,$f'(x)>0$,于是,函数 $f(x)$ 在 $x>0$ 时是单调上升函数,即当 $x>0$ 时,$f(x)>f(0)=0$. 所以,当 $x>0$ 时,$\ln(x+\sqrt{1+x^2})<x$.

习 题 3.2

1. 填空题:

(1) 函数 $y=2x^2-4x$ 的驻点是_____.

(2) 函数 $y=2x^3+3x$ 在区间 $(0,+\infty)$ 上单调_____.

(3)函数 $y = (x-8)^2$ 单调递减区间是_____.

(4)函数 $y = 2e^x + 12$ 在其定义域内单调_____.

(5)函数 $y = 2\ln x$ 在其定义域内单调_____.

2. 选择题：

(1)函数 $y = 3x^7 + 9x$ 在定义域内(　　　).

　　A. 单调减少　　B. 单调增加　　C. 既单调增加又单调减少　　D. 以上说法都不对

(2)函数 $y = 8x + \cos x$ 的单调增区间是(　　　).

　　A. $(0, +\infty)$　　B. $(-\infty, 0)$　　C. $(-\infty, +\infty)$　　　D. $(-1, 1)$

(3)下列函数在定义域内为单调函数的是(　　　).

　　A. $y = \sin x$　　B. $y = \cos x$　　C. $y = 2^x$　　　　D. $y = x^2 - x + 1$

3. 求下列函数的单调区间：

(1) $f(x) = \dfrac{2}{3}x^3 - 6x^2 + 16x - 58$;　　　　　(2) $f(x) = x^2 + 10x + 19$.

3.3　函数的极值

观察图 3.3.1,函数 $f(x)$ 在 x_2, x_4 点有相同特征:其函数值是其邻近小范围中的最大者,即函数 $f(x)$ 在 x_2, x_4 点处达到"峰顶";而函数 $f(x)$ 在 x_1, x_3, x_6 点有相同特征:其函数值是其邻近小范围中的最小者,即函数 $f(x)$ 在 x_1, x_3, x_6 点处达到"谷底".

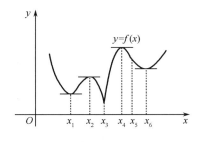

图　3.3.1

3.3.1　极值的定义

定义 1　设函数 $f(x)$ 在点 x_0 及其某邻域内有定义,若对于该邻域内的所有的点 $x(x \neq x_0)$,恒有

$$f(x_0) \geqslant f(x) \quad (\text{或} f(x_0) \leqslant f(x)),$$

则称 $f(x_0)$ 是函数 $f(x)$ 的**极大值**(或**极小值**),称 x_0 是**极大值点**(或**极小值点**).

函数的极大值与极小值统称函数的**极值**,极大值点与极小值点统称函数的**极值点**.

如图 3.3.1 所示，$f(x_2),f(x_4)$ 是函数 $f(x)$ 的极大值，x_2,x_4 是极大值点；$f(x_1)$，$f(x_3),f(x_6)$ 是函数 $f(x)$ 的极小值，x_1,x_3,x_6 是极小值点.

注 意

① 函数在某区间 I 上的最大值 $f(x_1),(f(x_1)\geqslant f(x),x\in I)$ 与最小值 $f(x_2)$，$(f(x_2)\leqslant f(x),x\in I)$ 函数的最值是整体性的概念，函数的极值是局部性的概念，它是局部小范围内的最值，另外最值可以在区间内部或端点取得，比如函数 $y=\sin x$ 在 $\left[0,\dfrac{\pi}{2}\right]$ 的最大值、最小值在区间端点取得，$y=\sin x$ 在 $[0,2\pi]$ 的最大值、最小值在区间内部取得，而函数的极值却只能在区间内部取得；

② 函数的极大值可能小于极小值；

③ 函数的极大值与极小值的数目可能有多个；

④ 函数极值点的可疑点集合是 $\{x\,|\,f'(x)=0$ 或 $f'(x)$ 不存在$\}$.

3.3.2 极值的计算

观察图 3.3.1 发现，函数 $f(x)$ 在极值点 x_1,x_2,x_4,x_6 处的切线都平行于 x 轴.于是有如下定理 1.

定理 1（极值存在的必要条件） 若函数 $f(x)$ 在点 x_0 可导且在该点取得极值，则有 $f'(x_0)=0$.

定义 2 使 $f'(x)=0$ 的点 x，称为函数 $f(x)$ 的**驻点**（或稳定点、临界点）.

注 意

驻点、极值点、$f'(x)$ 不存在的点三者的关系：

① 如图 3.3.2 所示，驻点不一定是极值点（如 $y=x^3$ 的驻点 $x=0$ 不是极值点），极值点也不一定是驻点（如 $y=|x|$ 的极小值点 $x=0$ 不是驻点），但可导函数的极值点一定是驻点；

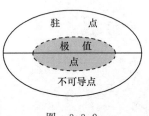

② $f'(x)$ 不存在的点不一定是极值点，极值点也不一定是 $f'(x)$ 不存在的点；而极值点不是驻点就是 $f'(x)$ 不存在的点，具体是哪一种点，需要根据以下的定理 2 判断.

图 3.3.2

定理 2（极值存在的第一充分条件） 设函数 $f(x)$ 在点 x_0 的 δ 邻域 $(x_0-\delta,x_0+\delta)$ $(\delta>0)$ 内连续且可导（在点 x_0 允许不可导），则：

（1）若 $f'(x)$ 在点 x_0 的两侧变号，则 $f(x_0)$ 是极值.特别地，当 $f'(x)$ 在点 x_0 的左、右两侧由正变负时，$f(x_0)$ 是极大值；当 $f'(x)$ 在点 x_0 的左、右两侧由负变正时，$f(x_0)$ 是极小值.

（2）若 $f'(x)$ 在点 x_0 的两侧不变号，则 $f(x_0)$ 不是极值.

综上所述，求函数 $y=f(x)$ 的极值步骤为：

（1）求函数 $y=f(x)$ 的定义域；

（2）求函数 $y=f(x)$ 的极值点的可疑点（使 $f'(x)=0$ 或 $f'(x)$ 不存在的点）；

（3）根据定理 2,列表判断,计算函数 $y=f(x)$ 的极值.

【例 1】 求函数 $y=(x-2)^3(x+1)$ 的极值.

解 （1）函数 y 的定义域：$(-\infty,+\infty)$;

（2）$y'=(4x+1)(x-2)^2$,令 $y'=0$,得 $x_1=-\dfrac{1}{4}$,$x_2=2$;

（3）列表判断（见表 3.3.1）：

表 3.3.1

x	$\left(-\infty,-\dfrac{1}{4}\right)$	$-\dfrac{1}{4}$	$\left(-\dfrac{1}{4},2\right)$	2	$(2,+\infty)$
$f'(x)$	$-$	0	$+$	0	$+$
$f(x)$	↘	$-\dfrac{2\,187}{256}$（极小值）	↗	不是极值	↗

由表 3.3.1 可知,函数 y 只有一个极小值 $y\big|_{x=\frac{1}{4}}=-\dfrac{2\,187}{256}$.

【例 2】 求函数 $f(x)=x^{\frac{1}{3}}(1-x)^{\frac{2}{3}}$ 的单调区间、极值.

解 （1）函数 $f(x)$ 的定义域是 $(-\infty,+\infty)$;

（2）$f'(x)=\dfrac{1}{3}x^{-\frac{2}{3}}(1-x)^{\frac{2}{3}}-\dfrac{2}{3}x^{\frac{1}{3}}(1-x)^{-\frac{1}{3}}=\dfrac{1-3x}{3\sqrt[3]{x^2(1-x)}}$;

令 $f'(x)=0$,得 $x_1=\dfrac{1}{3}$,得 $f'(x)$ 不存在的点是 $x_2=0$,$x_3=1$.

（3）列表判断（见表 3.3.2）：

表 3.3.2

x	$(-\infty,0)$	0	$\left(0,\dfrac{1}{3}\right)$	$\dfrac{1}{3}$	$\left(\dfrac{1}{3},1\right)$	1	$(1,+\infty)$
$f'(x)$	$+$	不存在	$+$	0	$-$	不存在	$+$
$f(x)$	↗	不是极值	↗	极大值	↘	极小值	↗

由表 3.3.2 可知,故函数 $f(x)$ 在区间 $(-\infty,0)$,$\left(0,\dfrac{1}{3}\right)$,$(1,+\infty)$ 内单调增加,在区间 $\left(\dfrac{1}{3},1\right)$ 内单调减少.

由定理 2,函数 $f(x)$ 有一个极大值 $f\left(\dfrac{1}{3}\right)=\dfrac{\sqrt[3]{4}}{3}$,有一个极小值 $f(1)=0$.

有时,当驻点的二阶导数存在且不为零时,可以用以下定理 3 求解极值.

定理 3（极值存在的第二充分条件） 设函数 $f(x)$ 在点 x_0 满足：$f'(x_0)=0$,$f''(x_0)\neq0$,

则有：

(1) 若 $f''(x_0)>0$，那么 $f(x_0)$ 是极小值；

(2) 若 $f''(x_0)<0$，那么 $f(x_0)$ 是极大值．

注意

若 $f''(x_0)=0$，此法失效．

【例3】 求函数 $y=x^3-2x^2-15x+6$ 的极值．

解 函数 y 的定义域是 $(-\infty,+\infty)$，$y'=3x^2-4x-15$，$y''=6x-4$．

令 $y'=0$，得驻点 $x_1=-\dfrac{5}{3}$，$x_2=3$．

由于 $y''|_{x_1=\frac{5}{3}}<0$，$y''|_{x_2=3}>0$，所以函数 y 有极小值 $y(3)=30$，极大值 $y\left(-\dfrac{5}{3}\right)=\dfrac{562}{27}$．

习　题　3.3

1. 判断题：

(1) 在同一函数中，函数的极大值就是它的最大值．　　　　　　　　（　　）

(2) 在同一函数中，函数的极大值一定大于极小值．　　　　　　　　（　　）

(3) 函数 $y=x^3$ 的驻点为 $x=0$，同时也是它的极值点．　　　　　（　　）

(4) 函数的极值可能在驻点和一阶不可导点处取得．　　　　　　　　（　　）

2. 填空题：

(1) $y=x^2-4x$ 在点 $x=$＿＿＿＿＿＿＿取得极值．

(2) $y=\dfrac{1}{2}x^2-8x$ 的极小值为＿＿＿＿＿＿＿．

3. 求下列函数的极值：

(1) $f(x)=-x^4+2x^2,x\in \mathbf{R}$；　　　　(2) $f(x)=x-\ln(5+x)$．

3.4　函数的最值

本书 1.6 节介绍了连续函数在闭区间 $[a,b]$ 上一定有最大值、最小值，怎样求出最大值、最小值？在实际问题中，人们常常需要思考在一定的条件下，如何规划生产才能达到投入最少、产出最多、成本最低、效率最高、利润最大等目标，这些实际问题可以归结为数学模型：函数的最值问题．

3.4.1 函数 $y = f(x)$ 在给定区间的最值

1. 连续函数在闭区间 $[a, b]$ 上的最值

连续函数在闭区间 $[a, b]$ 上一定有最大值和最小值（1.6.2 节性质 1），简称最值；使函数取得最值的点称最值点，而最值点只可能在区间 $[a, b]$ 的端点处或者区间的内部取得；若在区间的内部取得，则该最值点一定是极值点.因此可以先求出函数在区间内部的极值点的可疑点（不必判断是否是极值点），再计算这些点与区间端点的函数值的大小，最大（小）者就是函数在闭区间 $[a, b]$ 上的最大（小）值.

【例 1】 求 $f(x) = x + \sqrt{2 - x}$ 在 $[-2, 2]$ 上的最大值和最小值.

解 首先求出函数在 $(-2, 2)$ 内部的极值点的可疑点.

$$f'(x) = 1 - \frac{1}{2\sqrt{2 - x}} = \frac{2\sqrt{2 - x} - 1}{2\sqrt{2 - x}}.$$

令 $f'(x) = 0 \Rightarrow x = \frac{7}{4}$，比较极值点的可疑点和端点的函数值的大小.

$$f(-2) = 0, f\left(\frac{7}{4}\right) = \frac{9}{4}, f(2) = 2.$$

故函数 $f(x)$ 在 $[-2, 2]$ 上的最大值为 $f\left(\frac{7}{4}\right) = \frac{9}{4}$，最小值为 $f(-2) = 0$.

2. 连续函数在开区间 (a, b) 内只有一个极大值（或极小值）的情形

如图 3.4.1 和图 3.4.2 所示，如果连续函数 $f(x)$ 在开区间 (a, b) 内只有一个极大值（或极小值），则该极大值（或极小值）就是最大值（或最小值）.

【例 2】 求函数 $y = x^2 + \frac{16}{x}$ 在开区间 $(0, +\infty)$ 内的最值.

解 因为 $y' = 2x - \frac{16}{x^2} = \frac{2(x^3 - 8)}{x^2}$，令 $y' = 0$，得 $x = 2$.

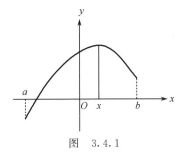

图 3.4.1

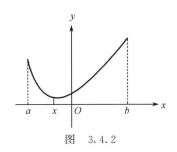

图 3.4.2

当 $0 < x < 2$ 时，$y' < 0$，当 $2 < x < +\infty$ 时，$y' > 0$，所以 $x = 2$ 是函数 $y = x^2 + \frac{16}{x}$ 在区间 $(0,$

$+\infty)$内的唯一极小值点,因此,函数 $y=x^2+\dfrac{16}{x}$ 在区间$(0,+\infty)$内的只有一个最小值 $f(2)=12$.

3.4.2　最值在实际中的应用

在实践中经常遇到在一定条件下,怎样设计生产能使所用的材料最省、效率最高、性能最好、进程最快等问题,它们可归结为求一个函数(数学上通常称为目标函数)在实际定义域内的最大值、最小值的数学模型问题.在较简单的实际模型中,目标函数的实际定义域一般是开区间,若函数 $f(x)$ 在开区间内可导,且只有唯一驻点 x_0,而由实际问题本身可以判断 $f(x)$ 在该区间内有最大值(或最小值),则唯一驻点 x_0 就是目标函数 $f(x)$ 的最大值点(或最小值点),即 $f(x_0)$ 就是所求的最大值(或最小值).

【例3】　如图3.4.3所示,某房间的窗户设计成矩形加半圆.用定长为 5 m 的铝合金制作边框,问底宽 $2x$ 为多少时,能使窗户面积最大?

解　设矩形的底宽 $2x$,高为 y,则题意要求目标函数(即窗户的面积)s 的最大值.

(1) 求目标函数 s.

因为 $4x+2y+\pi x=5$,得

$$y=\dfrac{5-(4+\pi)x}{2},$$

此时,目标函数(窗户的面积)为

$$s(x)=2xy+\dfrac{1}{2}\pi x^2=5x-\left(4+\dfrac{\pi}{2}\right)x^2,0<x<\dfrac{5}{6}.$$

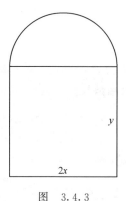

图　3.4.3

(2) 求解实际问题.

因为

$$s'=5-2\left(4+\dfrac{\pi}{2}\right)x,$$

令 $s'(x)=0$,得

$$x=\dfrac{5}{8+\pi},$$

由于在实际定义域内,函数 $s(x)$ 只有唯一驻点,而实际问题确有最大值,故设计底边宽为 $2x=\dfrac{10}{8+\pi}\approx0.898$ m 时,能使窗户面积最大.

【例4】　某租赁公司有 100 套 80 m^2 的公寓房待出租,当租金定为 900 元/(套·月)时,公寓可全部租出;若租金每提高 50 元/(套·月),租不出的公寓就增加一套;规定已租出的公寓整修维护费为 20 元/(套·月).问每月租金定价多少时可获得最大月收入,最大月收入是多少?

解　(1)求目标函数 R.

设租金为 P 元/(套·月),由已知 $P > 900$,因为未租出的公寓有 $\dfrac{1}{50}(P-900)$ 套,故租出的公寓有:$100 - \dfrac{1}{50}(P-900) = 118 - \dfrac{P}{50}$(套),此时租赁公司的月收入为

$$R(P) = \left(118 - \frac{P}{50}\right)(P-20) = -\frac{P^2}{50} + \left(118 + \frac{2}{5}\right)P - 2\,360 \quad (P > 900).$$

(2) 求解实际问题.

因为 $R'(P) = -\dfrac{P}{25} + 118 + \dfrac{2}{5}$,令 $R'(P) = 0$,得唯一驻点:$P = 2\,960$.

由实际意义知道,适当的租金价位必定能使月收入最大,而收入函数 $R(P)$ 仅唯一驻点,同时注意到房屋是整套出租的,当租金为 $2\,950$ 元/(套·月)时,可以获得收入 $172\,870$ 元;当租金为 $3\,000$ 元/(套·月)时,可以获得收到 $172\,840$ 元,故决定租金为 $2\,950$ 元/(套·月),此时获得收入 $172\,870$ 元。

由此总结出求实际问题的最值的一般步骤:

(1) 分析题意,将实际问题化为求目标函数的最值数学问题,并写出实际定义域;

(2) 求目标函数的导数,求出唯一驻点;(本书只讨论实际问题只有唯一驻点的简单情形)

(3) 根据实际问题说明目标函数在实际定义域内确实有最值,又因为实际定义域内,驻点唯一,从而解出实际问题的答案.

习　题　3.4

1. 判断题:

(1)连续函数一定存在最大值和最小值.　　　　　　　　　　　　　　　　　(　　)

(2)闭区间上函数的最值可以在区间端点取得,也可以在区间内部取得.　　(　　)

(3)连续函数在开区间上的极大值同时也是它的最大值.　　　　　　　　　(　　)

(4)若连续函数 $y = f(x)$ 在闭区间 $[a,b]$ 上单调递增,则它的最大值为 $f(a)$.　(　　)

(5)连续函数在闭区间上的最值一定在驻点一阶不可导点处取得.　　　　　(　　)

2. 填空题:

(1)$f(x) = 3\mathrm{e}^x$ 在 $[-2,4]$ 上的最大值 $y_{\max} = $_____.

(2)函数 $f(x) = 4x^3$ 在区间 $[-1,1]$ 上的最小值 $y_{\min} = $_____.

(3)函数 $f(x) = 5x^2$ 在区间 $[-5,5]$ 上有_____个最大值点.

(4)连续函数 $y = f(x)$ 在闭区间 $[a,b]$ 上单调递增,则它的最大值 $y_{\max} = $_____.

3. 选择题:

下列函数在 $[1,3]$ 上最小值 $y_{\min} = f(3)$ 的是(　　　　).

A. $f(x)=x^2+1$ 　　B. $f(x)=x^3+1$ 　C. $f(x)=x+1$ 　　D. $f(x)=\dfrac{1}{x}+1$

4. 求函数 $f(x)=2x^4-16x^2+8$ 在区间 $[-1,3]$ 上的最大值和最小值.

5. 求函数 $f(x)=2x^3-2x^2-2x+2\,020$ 在区间 $(0,2)$ 上的最值.

6. 要用一段圆木锯成方木,已知圆木横截面的直径等于 d cm,问方木横截面的长与宽为多少时,所得方木横截面积最大?

7. 将边长为 k(cm) 的一块正方形铁皮,四角各截去一个大小相同的小正方形,然后将四边折起做成一个无盖的方盒.问截掉的小正方形的边长为多大时,所得方盒的容积最大?

3.5　用 MATLAB 求函数的最值

导数的最重要的应用之一就是求函数的极值、最值问题.如果函数表达式比较复杂,可以用 MATLAB 求解极值、最值.由于 MATLAB 的自带命令只能求函数在某区间的最小值,所以可以先用 MATLAB 命令作图,观察函数的极值点所在的小区间,再用 MATLAB 的自带命令求解函数在某区间的最小值.求最值的命令如表 3.5.1 所示.

表　3.5.1

命　令	说　　明
[x1,f1]=fminbnd(f,a,b)	求函数表达式 f 在小区间 $[a,b]$ 上的最小值点 x1 及最小值 f1

注　意

如果需要求函数表达式 f 在小区间 $[a,b]$ 上的最大值点、最大值,通过命令 [x1,f1]=f min bnd(g,a,b) 得到 g=$-f$ 在小区间 $[a,b]$ 上的最小值点 x1 及最小值 f1,于是得到 f 在小区间 $[a,b]$ 上的最大值点 x1 及最大值 $-$f1.

【例1】　求函数 $y=-x^4+2x^2$ 在区间 $(2,-2)$ 的极值.

解　(1)先作函数 y 在 $[-2,2]$ 的图形,观察函数的极值点位置.

```
>> syms x
>> fplot('- x^4 + 2 * x^2',[-2,2])        % 作 y = - x^4 + 2x^2 在[-2,2]的图
>> title('y = - x^4 + 2 * x^2')           % 图形标题 y = - x^4 + 2x^2
```

(2) 如图 3.5.1 所示,此时观察到函数的 2 个极大值点、1 个极小值点的位置,现在来求函数在相应小区间上的最值,即函数在区间 $(-2,2)$ 的极值:

```
>> f = inline('- x^4 + 2 * x^2','x');     % 定义函数 f = - x^4 + 2x^2
>> [x1,y1] = fminbnd(f,-0.5,0.5)          % 求函数 f 在[-0.5,0.5]的最小值点 x1 及最小值 y1
x1 = 0
```

```
y1 = 0
>> g = inline('x^4 - 2 * x^2','x');              % 定义函数 g = - f = x⁴ - 2x²
>> [x2,y2] = fminbnd(g, - 1.5, - 0.5),[x3,y3] = fminbnd(g,0.5,1.5)
```

　% 求函数 g 在[-1.5, -0.5]的最小值点 x2 及最小值 y2(等价于求 f = - g 在[-1.5, -0.5]的最大值点 x2 及最大值 - y2);求函数 g 在[0.5,1.5]的最小值点 x3 及最小值 y3(等价于求函数 f 在[0.5,1.5]的最大值点 x3 及最大值 - y3)

```
   x2 =  - 1.0000
   y2 =  - 1.0000
   x3 =    1.0000
   y3 =  - 1.0000
```

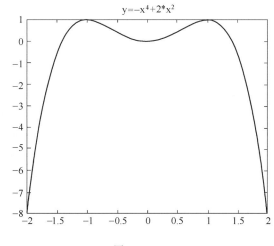

图　3.5.1

故函数在区间的极大值是 $y|_{x=\pm1}=1$,极小值是 $y|_{x=0}=0$.

【例 2】　求函数 $y=\sin^2 x\,e^{-0.3x}-1.2|x|$ 在区间$(-7,-1)$内的极值.

解　(1) 先作函数 y 在$[-7,-1]$的图形,观察函数的极值点位置.

```
>> syms x ;
>> fplot('sin(x)^2 * exp( - 0.3 * x) - 1.2 * abs(x)',[ - 7, - 1])   % 作函数 y 在[-7,-1]的图
>> title('y = sin(x)^2 * exp( - 0.3 * x) - 1.2 * abs(x)')          % 作图形标题
```

(2)如图 3.5.2 所示,观察到函数的 2 个极小值点,2 个极大值点的位置,现在来求函数在相应小区间上的最值,即函数在区间$(-7,-1)$内的极值:

```
>> f = inline('sin(x)^2 * exp( - 0.3 * x) - 1.2 * abs(x)','x');   % 定义函数 y
>> [xmin1,fmin1] = fminbnd(f, - 7, - 6),[xmin2,fmin2] = fminbnd(f, - 4, - 3)
```

　% 求函数在[-7,-6],[-4,-3]的最小值点及最小值

```
   xmin1 =   - 6.3712   fmin1 =   - 7.5932
   xmin2 =   - 3.3604   fmin2 =   - 3.9034
>> g = inline(' - (sin(x)^2 * exp( - 0.3 * x) - 1.2 * abs(x))','x');
```

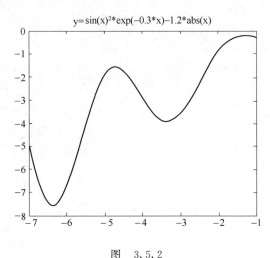

图 3.5.2

```
>> [xmin3,fmin3] = fminbnd(g,-5,-4),[xmin4,fmin4] = fminbnd(g,-2,-1)
```

% 求函数 $g = -f$ 在$[-5,-4]$,$[-2,-1]$的最小值点及最小值(其实就是求函数 f 在$[-5,-4]$,$[-2,$ $-1]$的最大值点及最大值: $-$ fmin3, $-$ fmin4)

```
xmin3  =  -4.7166   fmin3  =  1.5436
xmin4  =  -1.2858   fmin4  =  0.1885
```

故函数有 4 个极值：

两个极小值 $f(-6.3712)=-7.5932,f(-3.3604)=-3.9034.$

两个极大值 $f(-4.7166)=-1.5436,f(-1.2858)=-0.1885.$

求函数极值的另一种解法思路：

(1)先用 diff 命令求函数的一阶导数；

(2)再用 solve 命令求导函数等于 0 的点,即驻点；

(3)再用 fplot 命令绘制函数图像,根据图像判断驻点是否为极值点.

【例3】 求函数 $y = \dfrac{1}{3}x^3 + 2x^2 - 5x + 1$ 的极值.

解 输入下列命令：

```
y = '1/3 * x^3 + 2 * x^2 - 5 * x + 1'   % 定义函数 y
dy = diff(y)                            % 求 y 的一阶导数
x = solve(dy)                           % 求驻点 x
y1 = 1/3 * x.^3 + 2 * x.^2 - 5 * x + 1  % 计算驻点处的函数值
fplot(y,[-7,3])                         % 绘制函数的图像,x 取值范围为[-7,3]
```

按 Enter 键,运行结果如下：

```
dy = x^2 + 4 * x - 5
x = -5
    1
```

```
y1 = 103/3
      -5/3
```

从图 3.5.3 可以看出,$x=-5$ 为极大值点,$x=1$ 为极小值点,极大值等于 $103/3$,极小值等于 $-5/3$.

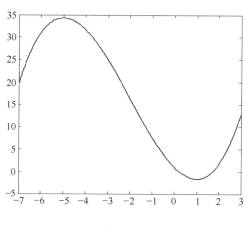

图 3.5.3

<h1 align="center">习 题 3.5</h1>

1. 求下列函数的极值:

(1) $f(x)=(x-2)^2(x+3)^3, x\in[-2,3]$;

(2) $f(x)=x^3-3x, x\in[2,2]$.

2. 要造一个容积为 32π cm^3 的圆柱形容器,其侧面与上底面用同一种材料,下底面用另一种材料.已知下底面材料每平方厘米的价格为 3 元,侧面材料每平方厘米的价格为 1 元.问该容器的底面半径 r 与高 h 各为多少时,造这个容器所用的材料费用最省?

小结

3.1 洛必达法则

一、主要内容与要求

1. 了解微分学的三大中值定理的内容,理解其几何解释.

2. 掌握洛必达法则,熟练求解"$\dfrac{0}{0}$","$\dfrac{\infty}{\infty}$"未定型的极限.

3. 理解将"$0 \cdot \infty$""$\infty - \infty$""1^{∞}""0^{0}""∞^{0}"型的极限化为"$\dfrac{0}{0}$""$\dfrac{\infty}{\infty}$"型的极限的方法.

4. 了解用 MATLAB 求极限的命令与方法.

二、方法小结

1. 用洛必达法则求未定型极限的方法;

(1) 观察 $\lim\limits_{x \to a} \dfrac{f(x)}{g(x)}$ 是否是 "$\dfrac{0}{0}$" "$\dfrac{\infty}{\infty}$" 型;

(2) 检查 $\lim\limits_{x \to a} \dfrac{f'(x)}{g'(x)}$ 是否是 $\begin{cases} A \\ \infty \\ 仍是 "\dfrac{0}{0}" "\dfrac{\infty}{\infty}" \end{cases}$ 这三种中的一种;

(3) 每用完一次洛必达法则,要化简整理所得结果.

(4) 若是(2)中的第一、二种结果,用一次洛必达法则,解题结束;若是第三种结果,可以继续用洛必达法则,也可以用第 2 章介绍的求极限的方法继续求极限;

2. 将其他类型的未定型的极限化为 "$\dfrac{0}{0}$" "$\dfrac{\infty}{\infty}$" 未定型极限的方法.

(1) "$0 \cdot \infty$" $\Rightarrow$ "$\dfrac{0}{\frac{1}{\infty}}$" 变为 "$\dfrac{0}{0}$" 或 "$0 \cdot \infty$" $\Rightarrow$ "$\dfrac{\infty}{\frac{1}{0}}$" 变为 "$\dfrac{\infty}{\infty}$" 型;

(2) "$\infty - \infty$" 通过通分变为 "$\dfrac{0}{0}$" 或 "$\dfrac{\infty}{\infty}$" 型;

(3) "1^{∞}" "0^{0}" "∞^{0}" 通过恒等变形 $f(x)^{g(x)} = e^{\ln f(x)^{g(x)}} = e^{g(x) \ln f(x)}$, $\lim\limits_{x \to a} f(x)^{g(x)} = e^{\lim_{x \to a} g(x) \ln f(x)}$ 变为 "$\dfrac{0}{0}$" 或 "$\dfrac{\infty}{\infty}$" 型.

3.2　函数的单调性

主要内容与要求

1. 理解并掌握用函数的一阶导数的符号判断函数的单调性,会求函数在定义域的单调区间及每个单调区间的单调性.

2. 理解用一阶导数的符号证明不等式.

3.3　函数的极值

一、主要内容与要求

1. 理解极大值、极小值、极值、极大值点、极小值点、极值点的概念.

2. 理解极值是小范围内的最值,是局部的概念,最值是整体的概念.

3. 理解函数的驻点、一阶导数不存在点、极值点的关系:驻点不一定是极值点,反之亦然;但可导的极值点一定是驻点;一阶导数不存在的点不一定是极值点,反之亦然;极值点不是驻点就是一阶导数不存在的点.

4. 会求函数的极值.

5. 了解用 MATLAB 求函数极值的方法.

二、方法小结

1. 求函数的极值.

(1) 求函数 $y = f(x)$ 的定义域;

(2) 求函数 $y = f(x)$ 的极值点的可疑点 x_i(使 $f'(x) = 0$ 或 $f'(x)$ 不存在的点 x_i);

(3) 以上点 x_i 由小到大排序,将定义域分成若干区间,列表,根据 y' 在每个区间的正负判断 y 的单调性;

(4) 根据 y' 在极值点的可疑点 x_i 的左右是否变号,是由正变负还是由负变正来确定 x_i 是否是极值点,是极大值点还是极小值点;

(5) 求出极大值、极小值.

2. 用 MATLAB 求极值.

(1) 如果函数 $f(x)$ 在某区间有几个极小值、极大值,MATLAB 的现存命令只能求该区间的最小值,求不出这几个极小值、极大值.所以,先用作图的方法找出每个极值点的小区间 I.

(2) 求出函数 $f(x)$ 在每个小区间 I 的最小值点及最小值,即求得 $f(x)$ 在某区间的几个极小值;

(3) 求 $f(x)$ 的极大值只需要求 $g(x) = -f(x)$ 的极小值.

3.4　函数的最值

一、主要内容与要求

1. 理解并掌握求函数 $f(x)$ 在闭区间 $[a, b]$ 上的最大值、最小值的方法.

2. 理解实际问题求最大值、最小值的方法.

二、方法小结

1. 求函数 $f(x)$ 在闭区间 $[a, b]$ 上的最大值、最小值:

(1) 求 $f'(x) = 0$ 或 $f'(x)$ 不存在的点 x_i;

(2) 比较 $f(x_i)$ 及 $f(a)$,$f(b)$ 的大小,最大者是最大值,最小者是最小值.

2. 求实际问题的最大值、最小值:

(1) 根据实际问题列出目标函数表达式(或数学模型),并写出实际定义域 (a, b);

(2) 求出唯一驻点;(本书只讨论实际函数表达式只有唯一驻点的简单情形)

(3) 由于实际问题确有最大值(或最小值),而驻点唯一,故该驻点就是所求的最值点.

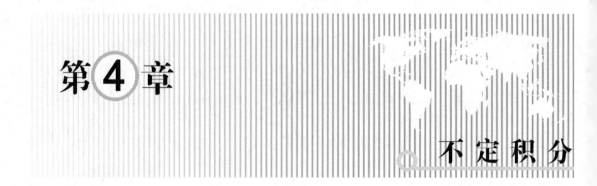

第**4**章

不定积分

前面我们讨论了如何求一个函数的导函数问题,本章将讨论它的相反问题,即寻求一个可导函数,使它的导数为已知函数.这是积分学的基本问题之一.

4.1　不定积分的概念与性质

4.1.1　原函数的概念

【引例1】　设一电路中电流关于时间的变化率为 $\dfrac{\mathrm{d}i}{\mathrm{d}t}=4t-0.6t^2$,若 $t=0$ 时,$i=2\ \mathrm{A}$,求电流 i 关于时间 t 的函数.

解　由
$$\frac{\mathrm{d}i}{\mathrm{d}t}=4t-0.6t^2 \tag{4.1.1}$$
容易验证 $i(t)=2t^2-0.2t^3+C$(C 为任意常数)满足式(4.1.1).

将 $i(0)=2$ 代入上式,得 $C=2$,所以电流 i 关于时间 t 的函数
$$i(t)=2t^2-0.2t^3+2.$$

【引例2】　设曲线 $y=f(x)$ 经过 $(2,1)$ 点,曲线上任一点处的切线斜率都等于切点的横坐标,求该曲线方程.

解　设切点为 (x,y),由
$$y'=x \tag{4.1.2}$$
容易验证 $y=\dfrac{1}{2}x^2+C$(C 为任意常数)满足式(4.1.2).

又因为点 $(2,1)$ 在曲线上,故 $x=2$ 时,$y=1$,代入上式得 $C=-1$.因此,所求曲线的方程为
$$y=\frac{1}{2}x^2-1.$$

两个问题有相同的本质:已知某函数的导数 $F'(x)=f(x)$,求函数 $F(x)$.

1. 原函数的定义

定义 1 设在某区间 I 上, $F'(x)=f(x)$ 或 $\mathrm{d}F(x)=f(x)\mathrm{d}x$, 则称函数 $F(x)$ 为 $f(x)$ 在区间 I 上的一个**原函数**.

例如:因为 $(\sin x)'=\cos x$ 或 $\mathrm{d}(\sin x)=\cos x\,\mathrm{d}x$, 所以 $\sin x$ 是 $\cos x$ 的一个原函数;

因为 $(2t^2-0.2t^3)'=4t-0.6t^2$, 所以 $2t^2-0.2t^3$ 是 $4t-0.6t^2$ 的一个原函数;

因为 $\left(\dfrac{1}{2}x^2-1\right)'=x$, 所以 $\dfrac{1}{2}x^2-1$ 是 x 的一个原函数.

2. 原函数存在的条件

定理 若函数 $f(x)$ 在区间 I 上连续, 则函数 $f(x)$ 在区间 I 上存在原函数.

由于初等函数在其定义区间上为连续函数,因此每个初等函数在其定义区间上都有原函数(只是初等函数的原函数不一定仍是初等函数).

思考: 如果函数 $f(x)$ 有原函数 $F(x)$, 会有多少个原函数? $f(x)$ 的任意两个原函数有什么关系?

3. 原函数的结构

由引例 1 和引例 2 可见,如果函数 $f(x)$ 有原函数 $F(x)$, 那么就有无穷多个原函数 $F(x)+C$, $C\in\mathbf{R}$. 反过来,设 $F(x)$, $G(x)$ 是 $f(x)$ 的任意两个原函数,那么 $[F(x)-G(x)]'=F'(x)-G'(x)\equiv 0$, 由导数恒为零的函数必为常数得 $F(x)-G(x)=C_0$(C_0 为常数),即 $G(x)=F(x)+C_0$, 所以, $f(x)$ 的任两个原函数 $G(x)$ 与 $F(x)$ 只不过相差一个常数。总结正反两个方面可得两个结论:

(1) 若 $f(x)$ 存在一个原函数 $F(x)$, 则 $f(x)$ 有无限个原函数 $F(x)+C$;

(2) 若 $F(x)$ 是 $f(x)$ 的一个原函数, 则 $f(x)$ 的全体原函数构成的集合为 $\{F(x)+C\mid C$ 为任何常数$\}$.

4.1.2 不定积分的概念

定义 2 设 $F(x)$ 是函数 $f(x)$ 的一个原函数, 则 $f(x)$ 的全体原函数 $F(x)+C$ 称为 $f(x)$ 的**不定积分**,记为 $\displaystyle\int f(x)\mathrm{d}x$, 即 $\displaystyle\int f(x)\mathrm{d}x=F(x)+C$.

其中, $f(x)$ 称为**被积函数**, $f(x)\mathrm{d}x$ 称为**积分表达式**, x 称为**积分变量**,符号 "$\displaystyle\int$" 称为**积分号**.

🐟 **注 意**

积分号 "$\displaystyle\int$" 是一种运算符号,它表示对已知函数求其全体原函数,所以在不定积分的结果中不能漏写 C.

不定积分简称积分,求不定积分的方法和运算简称积分法和积分运算.

【例 1】 求下列函数的不定积分:

(1) $\int 2x\,\mathrm{d}x$;   (2) $\int \dfrac{1}{x}\,\mathrm{d}x$.

解 (1) 因为 $(x^2)'=2x$,所以 x^2 是 $2x$ 的一个原函数,因此

$$\int 2x\,\mathrm{d}x = x^2 + C.$$

(2) 因为 $(\ln|x|)'=\dfrac{1}{x}$,所以 $\ln|x|$ 是 $\dfrac{1}{x}$ 的一个原函数,因此

$$\int \dfrac{1}{x}\,\mathrm{d}x = \ln|x| + C.$$

【例 2】 根据不定积分的定义验证

$$\int \dfrac{2x}{1+x^2}\,\mathrm{d}x = \ln(1+x^2) + C.$$

解 由于 $[\ln(1+x^2)]'=\dfrac{2x}{1+x^2}$,所以 $\int \dfrac{2x}{1+x^2}\,\mathrm{d}x = \ln(1+x^2) + C$.

根据不定积分的定义及第 2 章介绍的部分导数公式,容易得到下述的积分基本公式,为方便记忆,将积分公式按被积函数的形式分为两类.

4.1.3 不定积分的基本公式

(1) 常数函数:$\int k\,\mathrm{d}x = kx + C$($k$ 为常数);

(2) 幂函数:① $\int x^a\,\mathrm{d}x = \dfrac{1}{a+1}x^{a+1} + C,(a\neq -1)$;   ② $\int \dfrac{1}{x}\,\mathrm{d}x = \ln|x| + C$.

(3) 指数函数:① $\int a^x\,\mathrm{d}x = \dfrac{a^x}{\ln a} + C$;特例: ② $\int \mathrm{e}^x\,\mathrm{d}x = \mathrm{e}^x + C$.

(4) 三角函数:① $\int \sin x\,\mathrm{d}x = -\cos x + C$;   ② $\int \cos x\,\mathrm{d}x = \sin x + C$;

③ $\int \dfrac{1}{\cos^2 x}\,\mathrm{d}x = \int \sec^2 x\,\mathrm{d}x = \tan x + C$;   ④ $\int \dfrac{1}{\sin^2 x}\,\mathrm{d}x = \int \csc^2 x\,\mathrm{d}x = -\cot x + C$;

⑤ $\int \sec x \cdot \tan x\,\mathrm{d}x = \sec x + C$;   ⑥ $\int \csc x \cdot \cot x\,\mathrm{d}x = -\csc x + C$.

(5) 代数式:① $\int \dfrac{1}{\sqrt{1-x^2}}\,\mathrm{d}x = \arcsin x + C = -\arccos x + C_1$;

       ② $\int \dfrac{1}{1+x^2}\,\mathrm{d}x = \arctan x + C = -\operatorname{arccot} x + C_1$.

4.1.4 不定积分的运算性质

性质 1(微分运算与积分运算互为逆运算)   若 $F'(x)=f(x)$ 或 $\mathrm{d}F(x)=f(x)\mathrm{d}x$,则

(1) $\left[\int f(x)\mathrm{d}x\right]'=[F(x)+C]'=f(x)$ 或 $\mathrm{d}\left[\int f(x)\mathrm{d}x\right]=\mathrm{d}[F(x)+C]=f(x)\mathrm{d}x$;

(2) $\int F'(x)\,\mathrm{d}x=\int f(x)\mathrm{d}x=F(x)+C$ 或 $\int \mathrm{d}F(x)=\int f(x)\mathrm{d}x=F(x)+C$.

性质 2(不定积分的线性性质)

$$\int\left[k_1 f_1(x)+k_2 f_2(x)\right]\mathrm{d}x=k_1\int f_1(x)\mathrm{d}x+k_2\int f_2(x)\mathrm{d}x \quad (k_1,k_2\ \text{是常数}).$$

性质 2 可推广至有限个函数的情形.

【例 3】 写出下列各式的结果：

(1) $\left[\int \mathrm{e}^x \cos(\ln x)\mathrm{d}x\right]'$;　(2) $\int\left[\mathrm{e}^{-\sqrt{x}}\right]'\mathrm{d}x$;　(3) $\mathrm{d}\left[\int (\arcsin x)^2\mathrm{d}x\right]$.

解 (1) $\left[\int \mathrm{e}^x \cdot \cos(\ln x)\mathrm{d}x\right]'=\mathrm{e}^x \cdot \cos(\ln x)$;

(2) $\int\left[\mathrm{e}^{-\sqrt{x}}\right]'\mathrm{d}x=\mathrm{e}^{-\sqrt{x}}+C$;

(3) $\mathrm{d}\left[\int \arcsin^2 x\right]\mathrm{d}x=\arcsin^2 x\,\mathrm{d}x$.

4.1.5 直接积分法

直接利用基本积分公式和性质或经过简单的恒等变形(代数或三角恒等变形)后,利用基本积分公式和性质来求积分的方法称为直接积分法.

【例 4】 求 $\int (2x-3\cos x)\mathrm{d}x$.

解 原式 $=\int 2x\,\mathrm{d}x-\int 3\cos x\,\mathrm{d}x=2\int x\,\mathrm{d}x-3\int \cos x\,\mathrm{d}x=x^2-3\sin x+C$.

注 意

> 得到的 x 和 $\cos x$ 的两个不定积分,各含有任意常数. 因为任意常数的和仍然是任意常数,故可以合成最后结果中的一个 C.今后有同样情况不再重复说明.

【例 5】 求 $\int 2^x \cdot \mathrm{e}^x\,\mathrm{d}x$.

分析 初中数学中有同底数幂的乘法:指数不变,底数相乘. 显然 $2^x \cdot \mathrm{e}^x=(2\mathrm{e})^x$.

解 $\int 2^x \cdot \mathrm{e}^x\,\mathrm{d}x=\int(2\mathrm{e})^x\,\mathrm{d}x=\dfrac{(2\mathrm{e})^x}{\ln 2\mathrm{e}}+C=\dfrac{(2\mathrm{e})^x}{1+\ln 2}+C$.

【例 6】 求不定积分 $\int \mathrm{e}^x\left(3+\dfrac{\mathrm{e}^{-x}}{\sqrt{1-x^2}}\right)\mathrm{d}x$.

解 $\int \mathrm{e}^x\left(3+\dfrac{\mathrm{e}^{-x}}{\sqrt{1-x^2}}\right)\mathrm{d}x=\int\left(3\mathrm{e}^x+\dfrac{1}{\sqrt{1-x^2}}\right)\mathrm{d}x=3\int \mathrm{e}^x\,\mathrm{d}x+\int \dfrac{1}{\sqrt{1-x^2}}\mathrm{d}x=3\mathrm{e}^x+$
$\arcsin x+C$.

【例 7】 求 $\displaystyle\int \frac{(x-1)^2}{x^2}\mathrm{d}x$.

解 $\displaystyle\int \frac{(x-1)^2}{x^2}\mathrm{d}x=\int \frac{x^2-2x+1}{x^2}\,\mathrm{d}x=\int\left(1-\frac{2}{x}+\frac{1}{x^2}\right)\mathrm{d}x$

$\displaystyle=\int \mathrm{d}x-\int \frac{2}{x}\,\mathrm{d}x+\int \frac{1}{x^2}\mathrm{d}x=x-2\ln\mid x\mid-\frac{1}{x}+C.$

【例 8】 求不定积分 $\displaystyle\int \frac{x^2}{1+x^2}\,\mathrm{d}x$.

解 $\displaystyle\int \frac{x^2}{1+x^2}\mathrm{d}x=\int \frac{(x^2-1)+1}{1+x^2}\mathrm{d}x=\int\left(1+\frac{1}{1+x^2}\right)\mathrm{d}x$

$\displaystyle=\int \mathrm{d}x+\int \frac{1}{1+x^2}\mathrm{d}x=x+\arctan x+C.$

【例 9】 求不定积分 $\displaystyle\int \frac{x^2+x+1}{x(1+x^2)}\,\mathrm{d}x$.

解 $\displaystyle\int \frac{x^2+x+1}{x(1+x^2)}\mathrm{d}x=\int \frac{(x^2+1)+x}{x(1+x^2)}\,\mathrm{d}x=\int\left(\frac{1}{x}+\frac{1}{1+x^2}\right)\mathrm{d}x$

$\displaystyle=\int \frac{1}{x}\mathrm{d}x+\int \frac{1}{1+x^2}\mathrm{d}x=\ln\mid x\mid+\arctan x+C.$

【例 10】 求 $\displaystyle\int \cot^2 x\,\mathrm{d}x$.

解 $\displaystyle\int \cot^2 x\,\mathrm{d}x=\int (\csc^2 x-1)\mathrm{d}x=\int \csc^2 x\,\mathrm{d}x-\int \mathrm{d}x=-\cot x-x+C.$

【例 11】 求不定积分 $\displaystyle\int \frac{\cos 2x}{\sin^2 x\cos^2 x}\,\mathrm{d}x$.

解 $\displaystyle\int \frac{\cos 2x}{\sin^2 x\cos^2 x}\mathrm{d}x=\int \frac{\cos^2 x-\sin^2 x}{\sin^2 x\cos^2 x}\,\mathrm{d}x=\int\left(\frac{1}{\sin^2 x}-\frac{1}{\cos^2 x}\right)\mathrm{d}x=-(\cot x+\tan x)+C.$

【例 12】 求不定积分 $\displaystyle\int \cos^2\frac{x}{2}\,\mathrm{d}x$.

解 $\displaystyle\int \cos^2\frac{x}{2}\mathrm{d}x=\int \frac{1+\cos x}{2}\mathrm{d}x=\frac{1}{2}\int (1+\cos x)\mathrm{d}x=\frac{1}{2}\left(\int \mathrm{d}x+\int \cos x\,\mathrm{d}x\right)$

$\displaystyle=\frac{1}{2}(x+\sin x)+C.$

习 题 4.1

1. 在括号内填入一个适当的函数,并求出相应的不定积分.

(1)( )$'=3x^2$,$\displaystyle\int 3x^2\mathrm{d}x=$ _____;

(2)（　　）$' = \cos x$，$\displaystyle\int \cos x \,\mathrm{d}x =$ _____ ；

(3)（　　）$' = 3$，$\displaystyle\int 3\mathrm{d}x =$ _____ ；

(4)（　　）$' = \mathrm{e}^x$，$\displaystyle\int \mathrm{e}^x \,\mathrm{d}x =$ _____ ；

(5)（　　）$' = \dfrac{1}{1+x^2}$，$\displaystyle\int \dfrac{1}{1+x^2}\mathrm{d}x =$ _____ ；

(6)（　　）$' = \dfrac{1}{x}$，$\displaystyle\int \dfrac{1}{x}\mathrm{d}x =$ _____ .

2. 根据不定积分的性质 1，写出下列各式的结果.

(1) $\left[\displaystyle\int \dfrac{\sin x}{\sqrt{x+1}\,(1+x^4)}\mathrm{d}x\right]'$ ；

(2) $\displaystyle\int \left[\mathrm{e}^x (\sin x - \cos^2 x)\right]' \mathrm{d}x$ ；

(3) $\displaystyle\int \mathrm{d}\left(\sqrt{1+x^2} + \ln \cos x\right)$ ；

(4) $\mathrm{d}\left(\displaystyle\int \dfrac{x}{2\sqrt{1+\ln x}}\mathrm{d}x\right)$.

3. 选择题：

(1) 若 $F'(x) = f(x)$，则下列式子中正确的是（　　）.

A. $\displaystyle\int F'(x)\mathrm{d}x = f(x) + C$

B. $\displaystyle\int f'(x)\mathrm{d}x = F(x) + C$

C. $\displaystyle\int F(x)\mathrm{d}x = F'(x) + C$

D. $\displaystyle\int f(x)\mathrm{d}x = F(x) + C$

(2) $\displaystyle\int \sin x \,\mathrm{d}x =$（　　）.

A. $-\cos x + C$

B. $\cos x + C$

C. $\sin x + C$

D. $-\sin x + C$

(3) 下列为 $\sin x \cdot \cos x$ 的原函数的是（　　）.

A. $\sin^2 x$　　　　B. $\cos^2 x$　　　　C. $\dfrac{1}{2}\sin^2 x$　　　D. $\dfrac{1}{2}\cos^2 x$

4. 求下列不定积分：

(1) $\displaystyle\int \dfrac{x-4}{\sqrt{x}}\,\mathrm{d}x$ ；

(2) $\displaystyle\int (10^x + x^{10})\mathrm{d}x$ ；

(3) $\displaystyle\int \dfrac{x-4}{2+\sqrt{x}}\,\mathrm{d}x$ ；

(4) $\displaystyle\int (x^2 - 3x + 2)\mathrm{d}x$ ；

(5) $\displaystyle\int 5^x \mathrm{e}^x \,\mathrm{d}x$ ；

(6) $\displaystyle\int \dfrac{x^4}{1+x^2}\,\mathrm{d}x$ ；

(7) $\displaystyle\int \dfrac{3 \cdot 2^x + 4 \cdot 3^x}{2^x}\,\mathrm{d}x$ ；

(8) $\displaystyle\int \dfrac{3x^4 + 3x^2 + 1}{x^2 + 1}\,\mathrm{d}x$ ；

(9) $\displaystyle\int \sec x(\sec x - \tan x)\,\mathrm{d}x$; 　　　　(10) $\displaystyle\int \sin^2 \frac{x}{2}\,\mathrm{d}x$;

(11) $\displaystyle\int \frac{\mathrm{d}x}{1 - \cos 2x}$; 　　　　(12) $\displaystyle\int \frac{\cos 2x}{\cos x + \sin x}\,\mathrm{d}x$.

5. 已知函数 $f(x)$ 的导数为 $\mathrm{e}^x + 1$, 且当时 $x=0,y=1$, 求 $f(x)$.

6. 若 $f(x)$ 的一个原函数为 $\cos x$, 则 $\displaystyle\int f'(x)\mathrm{d}x$ 等于什么?

7. 已知曲线 $y = f(x)$ 在任一点处的切线斜率为 2, 且经过点 $(1,4)$, 求该曲线方程.

4.2　不定积分的第一类换元积分法

利用基本积分公式与积分的运算性质, 我们所能计算的不定积分非常有限, 因此进一步研究不定积分的求法. 本节把复合函数的微分法反过来用于求不定积分, 利用中间变量的代换, 得到复合函数的积分, 称为换元积分法, 简称换元法. 换元积分法有两类. 本节介绍第一类换元积分法.

先看下面的例子:

【例 1】　求 $\displaystyle\int \cos 3x\,\mathrm{d}x$.

解　积分基本公式中只有 $\displaystyle\int \cos x\,\mathrm{d}x = \sin x + C$. 为了应用这个公式, 可进行如下变换

$$\int \cos 3x\,\mathrm{d}x = \int \cos 3x \cdot \frac{1}{3}\mathrm{d}(3x) \xrightarrow{\text{令 } u=3x} \frac{1}{3}\int \cos u\,\mathrm{d}u = \frac{1}{3}\sin u + C$$

$$\xrightarrow{u=3x \text{ 回代}} \frac{1}{3}\sin 3x + C.$$

因为 $\left(\dfrac{1}{3}\sin 3x + C\right)' = \cos 3x$, 所以 $\displaystyle\int \cos 3x\,\mathrm{d}x = \frac{1}{3}\sin 3x + C$ 是正确的.

例 1 的解法特点是:

(1) 把被积表达式变形为 $\cos 3x \cdot \dfrac{1}{3}\mathrm{d}(3x)$; 并引入新变量 $u = 3x$, 从而把积分变量为 x 的积分化为积分变量为 u 的积分.

(2) 把公式 $\displaystyle\int \cos x\,\mathrm{d}x = \sin x + C$ 中的 x 换为 u 时, 由一阶微分的形式不变性知公式仍成立, 即有

$$\int \cos u\,\mathrm{d}u = \sin u + C \text{ 或} \int \cos 3x\,\mathrm{d}3x = \sin 3x + C.$$

一般地, 若 $\displaystyle\int f(x)\mathrm{d}x = F(x) + C$ 成立, 则 $\displaystyle\int f(u)\mathrm{d}x = F(u) + C, u = \varphi(x)$ 也成立. 于是, 有下面的定理:

定理　设 $f(u)$ 具有原函数 $F(u)$，$u = \varphi(x)$ 是可导函数，那么

$$\int f(\varphi(x))\varphi'(x)\mathrm{d}x = F(\varphi(x)) + C.$$

（证明思路：$\mathrm{d}F(\varphi(x)) = F'(u) \cdot \varphi'(x)\mathrm{d}x = f(\varphi(x)) \cdot \varphi'(x)\mathrm{d}x$.）

用上式求不定积分的方法称为**第一类换元积分法**.

第一类换元积分法计算的关键步骤：

(1) 把被积表达式凑成两部分，一部分为 $\mathrm{d}\varphi(x)$，另一部分为 $\varphi(x)$ 的函数 $f(\varphi(x))$；

(2) $f(u)$ 的原函数必须易于求得.因此，第一类换元积分法又形象化地被称为**凑微分法**.

常用凑微分的形式如下：

(1) 利用 $\mathrm{d}x = \dfrac{1}{a}\mathrm{d}(ax + b)$（$a$，$b$ 均为常数，且 $a \neq 0$）凑微分.

【例 2】　求 $\displaystyle\int (2x + 3)^{10}\mathrm{d}x$.

分析　对照基本积分公式，上式与公式 $\displaystyle\int x^{\alpha}\mathrm{d}x = \dfrac{1}{\alpha + 1}x^{\alpha+1} + C$ 相似，如果令 $\mathrm{d}x = \dfrac{1}{2}\mathrm{d}(2x + 3)$，就可以用定理和公式.

解　$\displaystyle\int (2x + 3)^{10}\mathrm{d}x \xupright{恒等变形} \dfrac{1}{2}\int (2x + 3)^{10} \cdot 2\mathrm{d}x$

$\xupright{凑微分} \dfrac{1}{2}\int (2x + 3)^{10}\mathrm{d}(2x + 3)$

$\xupright{令\,2x+3=u} \dfrac{1}{2}\int u^{10}\mathrm{d}u$

$\xupright{积分} \dfrac{1}{22}u^{11} + C$

$\xupright{回代\,u=2x+3} \dfrac{1}{22}(2x + 3)^{11} + C.$

【例 3】　求 $\displaystyle\int \dfrac{1}{1 - 2x}\mathrm{d}x$

分析　对照基本积分公式，上式与公式 $\displaystyle\int \dfrac{1}{x}\mathrm{d}x = \ln |x| + C$ 相似，如果令 $\mathrm{d}x = -\dfrac{1}{2}\mathrm{d}(1 - 2x)$，就可以用定理和公式.

解　$\displaystyle\int \dfrac{1}{1 - 2x}\mathrm{d}x \xupright{恒等变形} -\dfrac{1}{2}\int \dfrac{1}{1 - 2x} \cdot (-2)\mathrm{d}x$

$\xupright{凑微分} -\dfrac{1}{2}\int \dfrac{1}{1 - 2x}\mathrm{d}(1 - 2x)$

$\xupright{令\,1-2x=u} -\dfrac{1}{2}\int \dfrac{1}{u}\mathrm{d}u$

$$\xlongequal{积分} -\frac{1}{2}\ln|u|+C$$

$$\xlongequal{回代\ u=1-2x} -\frac{1}{2}\ln|1-2x|+C$$

(2)被积函数中包含 x^n 和 x^{n-1},利用 $x^{n-1}\mathrm{d}x=\dfrac{1}{n}\mathrm{d}(x^n+k)$,$k$ 为常数凑微分.

【例 4】 求 $\displaystyle\int x \cdot \mathrm{e}^{x^2}\mathrm{d}x$.

解 $\displaystyle\int x \cdot \mathrm{e}^{x^2}\mathrm{d}x \xlongequal{恒等变形} \frac{1}{2}\int \mathrm{e}^{x^2} \cdot (x^2)'\mathrm{d}x$

$$\xlongequal{凑微分} \frac{1}{2}\int \mathrm{e}^{x^2}\mathrm{d}(x^2)$$

$$\xlongequal{令\ x^2=u} \frac{1}{2}\int \mathrm{e}^u\mathrm{d}u$$

$$\xlongequal{积分} \frac{1}{2}\mathrm{e}^u+C$$

$$\xlongequal{回代\ x^2=u} \frac{1}{2}\mathrm{e}^{x^2}+C.$$

(3) 被积函数中同时含有 $\ln x$ 与 $\dfrac{1}{x}$,利用 $\dfrac{1}{x}\mathrm{d}x=\mathrm{d}(\ln x+k)$,$k$ 为常数凑微分.

【例 5】 求 $\displaystyle\int \frac{\ln^2 x}{x}\mathrm{d}x$.

解 $\displaystyle\int \frac{\ln^2 x}{x}\mathrm{d}x \xlongequal{恒等变形} \int \ln^2 x \cdot \frac{1}{x}\mathrm{d}x$

$$\xlongequal{凑微分} \int \ln^2 x\,\mathrm{d}(\ln x)$$

$$\xlongequal{令\ \ln x=u} \int u^2\mathrm{d}u$$

$$\xlongequal{积分} \frac{1}{3}u^3+C$$

$$\xlongequal{回代\ \ln x=u} \frac{1}{3}(\ln x)^3+C.$$

在较熟练掌握方法后,可以略去换元令"$\varphi(x)=u$"和"回代 $u=\varphi(x)$"的过程,直接利用积分基本公式求出结果.

(4)被积函数中同时含有 $\sin x$ 与 $\cos x$,利用 $\cos x\mathrm{d}x=\mathrm{d}(\sin x+k)$,$k$ 为常数或 $\sin x\mathrm{d}x=\mathrm{d}(-\cos x+k)$,$k$ 为常数凑微分.

【例 6】 求 $\displaystyle\int \tan x\mathrm{d}x$.

解 $\displaystyle\int \tan x \, \mathrm{d}x = \int \frac{\sin x}{\cos x} \mathrm{d}x = -\int \frac{1}{\cos x} \mathrm{d}(\cos x) = -\ln |\cos x| + C.$

【例 7】 求 $\displaystyle\int \cos x \cdot \sin^2 x \, \mathrm{d}x.$

解 $\displaystyle\int \cos x \cdot \sin^2 x \, \mathrm{d}x = \int \sin^2 x (\sin x)' \mathrm{d}x = \int \sin^2 x \, \mathrm{d}(\sin x) = \frac{1}{3} \sin^3 x + C.$

(5) 被积函数中同时含有 $\arcsin x$ 与 $\dfrac{1}{\sqrt{1-x^2}}$ 或 $\arctan x$ 与 $\dfrac{1}{1+x^2}$. 利用 $\dfrac{1}{\sqrt{1-x^2}} \mathrm{d}x =$

$\mathrm{d}(\arcsin x + k), k$ 为常数;$\dfrac{1}{1+x^2} \mathrm{d}x = \mathrm{d}(\arctan x + k), k$ 为常数凑微分.

【例 8】 求 $\displaystyle\int \frac{\arcsin x}{\sqrt{1-x^2}} \mathrm{d}x.$

解 $\displaystyle\int \frac{\arcsin x}{\sqrt{1-x^2}} \mathrm{d}x = \int \arcsin x \, \mathrm{d}(\arcsin x) = \frac{1}{2} \arcsin^2 x + C.$

【例 9】 求 $\displaystyle\int \frac{1}{9^2 + x^2} \mathrm{d}x.$

解 $\displaystyle\int \frac{1}{9^2 + x^2} \mathrm{d}x = \frac{1}{3^2} \int \frac{1}{1 + \left(\dfrac{x}{3}\right)^2} \mathrm{d}x = \frac{1}{3} \int \frac{1}{1 + \left(\dfrac{x}{3}\right)^2} \mathrm{d}\left(\dfrac{x}{3}\right) = \frac{1}{3} \arctan\left(\dfrac{x}{3}\right) + C.$

(6) 其他一些常见的具有导数关系的函数还有: $\dfrac{1}{x}$ 与 $\dfrac{1}{x^2}$,$\sqrt{x}$ 与 $\dfrac{1}{\sqrt{x}}$,e^x 与 e^x 等.利用

$\dfrac{1}{x^2} \mathrm{d}x = -\mathrm{d}\left(\dfrac{1}{x}\right),\dfrac{1}{\sqrt{x}} \mathrm{d}x = 2\mathrm{d}(\sqrt{x}),\mathrm{e}^x \mathrm{d}x = \mathrm{d}(\mathrm{e}^x)$ 凑微分.

【例 10】 求 $\displaystyle\int \frac{\mathrm{e}^x}{1 + \mathrm{e}^x} \mathrm{d}x.$

解 $\displaystyle\int \frac{\mathrm{e}^x}{1 + \mathrm{e}^x} \mathrm{d}x = \int \frac{1}{1 + \mathrm{e}^x} (\mathrm{e}^x)' \mathrm{d}x = \int \frac{1}{1 + \mathrm{e}^x} \mathrm{d}(\mathrm{e}^x + 1) = \ln(1 + \mathrm{e}^x) + C.$

【例 11】 求 $\displaystyle\int \frac{\sin(\sqrt{x} + 1)}{\sqrt{x}} \mathrm{d}x.$

解 $\displaystyle\int \frac{\sin(\sqrt{x} + 1)}{\sqrt{x}} \mathrm{d}x = 2\int \sin(\sqrt{x} + 1) \cdot \frac{1}{2\sqrt{x}} \mathrm{d}x = 2\int \sin(\sqrt{x} + 1) \cdot \mathrm{d}(\sqrt{x} + 1)$

$\qquad\qquad = -2\cos(\sqrt{x} + 1) + C.$

【例 12】 求 $\displaystyle\int \frac{1}{x^2} \sin \frac{1}{x} \mathrm{d}x.$

解 $\displaystyle\int \frac{1}{x^2} \sin \frac{1}{x} \mathrm{d}x = -\int \sin \frac{1}{x} \mathrm{d}\left(\frac{1}{x}\right) = \cos \frac{1}{x} + C.$

在上述解题过程中发现,用凑微分法求积分的两步,实质上经过了两次套用积分公式。

如在积分 $\int x\,\mathrm{e}^{x^2}\,\mathrm{d}x$ 中,首先 $x\,\mathrm{d}x$ 是幂函数的积分公式 $\int x\,\mathrm{d}x=\dfrac{1}{2}x^2+C$ 的被积表达式,

$x\,\mathrm{d}x$ 凑微分 $\dfrac{1}{2}\mathrm{d}x^2$ 的过程可以看作第一次用积分公式,得:$\int x\,\mathrm{e}^{x^2}\,\mathrm{d}x=\dfrac{1}{2}\int \mathrm{e}^{x^2}\,\mathrm{d}x^2$,然后把 x^2

看成 u,第二次套公式 $\int \mathrm{e}^u\,\mathrm{d}u=\mathrm{e}^u+C$,得:$\int x\,\mathrm{e}^{x^2}\,\mathrm{d}x=\dfrac{1}{2}\int \mathrm{e}^{x^2}\,\mathrm{d}x^2=\dfrac{1}{2}\mathrm{e}^{x^2}+C$. 从这点来说,直

接积分法与凑微分法的共同点都是套用积分公式,而"凑微分法"的两次用公式是有联系的:第

一次套公式后 $\int f(\varphi(x))\varphi'(x)\,\mathrm{d}x=\int f(\varphi(x))\,\mathrm{d}(\varphi(x))$,必须使得 $\int f(u)\,\mathrm{d}u=F(u)+C$ 能套

公式 .

习 题 4.2

1. 在下列各式等号的右端加上适当的系数,使等式成立:

(1) $\mathrm{d}x=$＿＿＿$\mathrm{d}(ax+b)$;

(2) $\dfrac{1}{x}\mathrm{d}x=$＿＿＿$\mathrm{d}(7\ln|x|+3)$;

(3) $x\,\mathrm{d}x=$＿＿＿$\mathrm{d}(4-x^2)$;

(4) $x^3\,\mathrm{d}x=$＿＿＿$\mathrm{d}(x^4+1)$;

(5) $\sin\dfrac{x}{2}\mathrm{d}x=$＿＿＿$\mathrm{d}\left(\cos\dfrac{x}{2}\right)$;

(6) $\dfrac{1}{\sqrt{x}}\mathrm{d}x=$＿＿＿$\mathrm{d}(\sqrt{x})$.

2. 求下列不定积分:

(1) $\int (x-3)^{10}\,\mathrm{d}x$;

(2) $\int\left(1+\dfrac{1}{2}x\right)^5\mathrm{d}x$;

(3) $\int \mathrm{e}^{4x}\,\mathrm{d}x$;

(4) $\int \dfrac{1}{3-2x}\mathrm{d}x$;

(5) $\int x^2(1+x^3)^2\,\mathrm{d}x$;

(6) $\int \dfrac{1+\ln x}{x}\mathrm{d}x$;

(7) $\int \mathrm{e}^x\sin \mathrm{e}^x\,\mathrm{d}x$;

(8) $\int \cot x\,\mathrm{d}x$;

(9) $\int \dfrac{\mathrm{e}^x\,\mathrm{d}x}{1+\mathrm{e}^x}$;

(10) $\int \dfrac{\sin x}{\cos^3 x}\mathrm{d}x$;

(11) $\int \sin 3x\,\mathrm{d}x$;

(12) $\int \dfrac{1}{4+9x^2}\mathrm{d}x$.

4.3　不定积分的第二类换元积分法

"凑微分法"也是套基本积分公式的思想,只不过是两次套用公式.

$$\int f(\varphi(x))\,\varphi'(x)\mathrm{d}x\,(\text{第一次套公式凑微分})$$

$$=\int f(\varphi(x))\mathrm{d}\varphi(x)(\text{第二次套公式})$$

$$=F(\varphi(x))+C.$$

但有的积分,难以用套公式的直接积分法、凑微分法求出积分,比如 $\displaystyle\int \frac{1}{1+\sqrt[3]{1+x}}\,\mathrm{d}x$,此时需要将原积分通过"转换"思想变为另一个可以求出的积分.第二换元积分法、分部积分法就是用"转换"这个思想,所不同的是"转换"的手段不同.下面介绍**第二类换元积分法**.

定理　设函数 $x=\varphi(t)$ 是单调、可导的函数,且 $\varphi'(t)\neq 0$,如果 $\displaystyle\int f(\varphi(t))\varphi'(t)\mathrm{d}t=\Phi(t)+C$,则

$$\int f(x)\mathrm{d}x \xrightarrow{\;\text{令}\,x=\varphi(t)\;}\int f(\varphi(t))\varphi'(t)\mathrm{d}t=\Phi(t)+C \xrightarrow{\;t=\varphi^{-1}(x)\,\text{回代}\;}\Phi(\varphi^{-1}(x))+C.$$

称这种换元法为**第二类换元积分法**.

(证明思路: $\mathrm{d}\Phi[\varphi^{-1}(x)]=\mathrm{d}\Phi(t)\xrightarrow{\;\text{由已知}\;}f(\varphi(t))\varphi'(t)\mathrm{d}t=f(x)\mathrm{d}x.$)

第二类换元积分法的关键:选取适当的 $\varphi(t)$,使作变换 $x=\varphi(t)$ 后的积分容易得到结果.

1. 代数代换

【例 1】　求 $\displaystyle\int x\sqrt{x+2}\,\mathrm{d}x.$

解　令 $\sqrt{x+2}=t$,则 $x=t^2-2$,$\mathrm{d}x=\mathrm{d}(t^2-2)=2t\mathrm{d}t.$

$$\int x\sqrt{x+2}\,\mathrm{d}x=\int (t^2-2)t\cdot 2t\mathrm{d}t=2\int (t^4-2t^2)\mathrm{d}t$$

$$=\frac{2}{5}t^5-\frac{4}{3}t^3+C=\frac{2}{5}(x+2)^{\frac{5}{2}}-\frac{4}{3}(x+2)^{\frac{3}{2}}+C.$$

【例 2】　求 $\displaystyle\int \frac{1}{\sqrt{x}+\sqrt[3]{x}}\,\mathrm{d}x.$

解　令 $\sqrt[6]{x}=t$,$x=t^6$,$\mathrm{d}x=6t^5\mathrm{d}t.$

$$\int \frac{1}{\sqrt{x}+\sqrt[3]{x}}\mathrm{d}x=\int \frac{6t^5}{t^3+t^2}\mathrm{d}t=6\int \frac{t^3}{1+t}\mathrm{d}t=6\int \frac{(t^3+1)-1}{1+t}\mathrm{d}t=6\int\left(t^2-t+1-\frac{1}{1+t}\right)\mathrm{d}t$$

$$=2t^3-3t^2+6t-6\ln|1+t|+C$$

$$\xrightarrow{\;t=\sqrt[6]{x}\,\text{回代}\;}2\sqrt{x}-3\sqrt[3]{x}+6\sqrt[6]{x}-6\ln(1+\sqrt[6]{x})+C.$$

注　意

① 当被积函数含有 $\sqrt[n]{ax+b}$ 时,可作变量代换 $\sqrt[n]{ax+b}=t$;

② 当被积函数含有 $\sqrt[m]{x}$,$\sqrt[n]{x}$ 时,可作变量代换 $\sqrt[mn]{x}=t$.

2. 三角代换

【例3】 求 $\displaystyle\int \sqrt{1-x^2}\,\mathrm{d}x$.

解 令 $x = \sin t\left(-\dfrac{\pi}{2} \leqslant t \leqslant \dfrac{\pi}{2}\right)$，则 $\mathrm{d}x = \cos t\,\mathrm{d}t$，$\sqrt{1-x^2} = \cos t$.

$$\int \sqrt{1-x^2}\,\mathrm{d}x = \int \cos^2 t\,\mathrm{d}t = \int \frac{1+\cos 2t}{2}\,\mathrm{d}t = \left(\frac{t}{2}+\frac{\sin 2t}{4}\right)+C.$$

如图 4.3.1 所示，根据 $x = \sin t$ 作一辅助直角三角形，利用边角关系来实现替换.

$$x = \sin t,\ \cos t = \sqrt{1-x^2},$$

所以　　　$t = \arcsin x, \sin 2t = 2\sin t \cdot \cos t = 2x\sqrt{1-x^2}$.

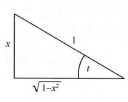

图 4.3.1

故　　　$\displaystyle\int \sqrt{1-x^2}\,\mathrm{d}x = \frac{1}{2}\arcsin x + \frac{x\sqrt{1-x^2}}{2}+C$.

【例4】 求 $\displaystyle\int \frac{1}{\sqrt{x^2+2^2}}\,\mathrm{d}x$.

解 令 $x = 2\tan t\left(-\dfrac{\pi}{2} < t < \dfrac{\pi}{2}\right)$，则 $\mathrm{d}x = 2\sec^2 t\,\mathrm{d}t$，$\sqrt{x^2+2^2} = 2\sec t$.

$$\frac{1}{\sqrt{x^2+2^2}}\mathrm{d}x = \int \frac{2\sec^2 t\,\mathrm{d}t}{2\sec t} = \int \sec t\,\mathrm{d}t = \ln|\sec t + \tan t|+C.$$

如图 4.3.2 所示，根据 $x = 2\tan t$，利用直角三角形回代可得

$$\int \frac{1}{\sqrt{x^2+2^2}}\,\mathrm{d}x = \ln\left|\frac{x+\sqrt{x^2+2^2}}{2}\right|+C$$

$$= \ln|x+\sqrt{x^2+2^2}|+C_1 \quad (C_1 = C-\ln 2).$$

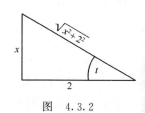

图 4.3.2

【例5】 求 $\displaystyle\int \frac{1}{\sqrt{x^2-3^2}}\,\mathrm{d}x$.

解 令 $x = 3\sec t$，$\mathrm{d}x = 3\sec t \cdot \tan t\,\mathrm{d}t$，$\sqrt{x^2-3^2} = 3\tan t$.

$$\frac{1}{\sqrt{x^2-3^2}}\mathrm{d}x = \int \frac{3\sec t\tan t\,\mathrm{d}t}{3\tan t} = \int \sec t\,\mathrm{d}t$$

$$= \ln|\sec t + \tan t|+C.$$

如图 4.3.3 所示，利用直角三角形回代 $\sec t$ 及 $\tan t$ 得

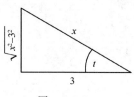

图 4.3.3

$$\int \frac{1}{\sqrt{x^2-3^2}}\,\mathrm{d}x = \ln|x+\sqrt{x^2-3^2}|+C_1 \quad (C_1 = C-\ln 3).$$

注 意

（1）以三角式代换来消去二次根式，一般这种方法称为三角代换法．一般地，根据被积函数的根式类型，常用的变换如下：

① 被积函数中含有 $\sqrt{a^2-x^2}$，令 $x=a\sin t$ 或 $x=a\cos t$；

② 被积函数中含有 $\sqrt{x^2+a^2}$，令 $x=a\tan t$ 或 $x=a\cot t$；

③ 被积函数中含有 $\sqrt{x^2-a^2}$，令 $x=a\sec t$ 或 $x=a\csc t$．

（2）用第二换元积分法的三角代换 $x=\varphi(t)$，一般要根据 $x=\varphi(t)$ 作直角三角形来完成回代过程．

下面 8 个结果也作为基本积分公式使用：

1. 三角函数

(1) $\displaystyle\int \tan x\,\mathrm{d}x = -\ln|\cos x|+C$；

(2) $\displaystyle\int \cot x\,\mathrm{d}x = \ln|\sin x|+C$；

(3) $\displaystyle\int \sec x\,\mathrm{d}x = \ln|\sec x+\tan x|+C$；

(4) $\displaystyle\int \csc x\,\mathrm{d}x = \ln|\csc x-\cot x|+C$；

2. 代数式

(5) $\displaystyle\int \frac{1}{a^2+x^2}\,\mathrm{d}x = \frac{1}{a}\arctan\left(\frac{x}{a}\right)+C$；

(6) $\displaystyle\int \frac{1}{a^2-x^2}\,\mathrm{d}x = \frac{1}{2a}\ln\left|\frac{a+x}{a-x}\right|+C \quad (a\neq 0)$；

(7) $\displaystyle\int \frac{1}{\sqrt{a^2-x^2}}\,\mathrm{d}x = \arcsin\frac{x}{a}+C \quad (a>0)$；

(8) $\displaystyle\int \frac{1}{\sqrt{x^2\pm a^2}}\,\mathrm{d}x = \ln|x+\sqrt{x^2\pm a^2}|+C$．

第二类换元积分法的思想是通过"作变量代换 $x=\varphi(t)$"的手段，将较难求的积分 $\displaystyle\int f(x)\mathrm{d}x$ "转化"为可求的积分 $\displaystyle\int f(\varphi(t))\varphi'(t)\mathrm{d}t$，但难点是根据被积函数的特点选取恰当的变量代换 $x=\varphi(t)$，这需要多练多总结．

习 题 4.3

求下列不定积分：

(1) $\displaystyle\int \frac{1}{1+\sqrt{2x}}\,\mathrm{d}x$；

(2) $\displaystyle\int \frac{\sqrt{x}}{1+x}\,\mathrm{d}x$；

(3) $\displaystyle\int x\sqrt{x+1}\,\mathrm{d}x$；

(4) $\displaystyle\int \frac{1}{\sqrt{1+x^2}}\,\mathrm{d}x$；

(5) $\displaystyle\int \frac{1}{\sqrt{1-3x^2}}\mathrm{d}x$；

(6) $\displaystyle\int \frac{1}{\sqrt{x^2-4}}\mathrm{d}x$．

4.4　分部积分法

第二类换元积分法的"转换"思想是通过变量替换 $x=\varphi(t)$ 的手段,将原积分转换为另一个可求的积分,本节介绍的分部积分法则是通过另一个手段(用分部积分公式),将原积分转换为一个可求的积分.现在我们利用两个函数乘积的微分法则,推导本节的重要公式——分部积分公式.

设函数 $u=u(x),v=v(x)$ 均具有连续导数,则由两个函数乘法的微分法则可得:

$$\mathrm{d}(uv)=v\mathrm{d}u+u\mathrm{d}v \quad 或 \quad u\mathrm{d}v=\mathrm{d}(uv)-v\mathrm{d}u,$$

两边积分得

$$\int u\mathrm{d}v=\int \mathrm{d}(uv)-\int v\mathrm{d}u,$$

即

$$\int u\mathrm{d}v=uv-\int v\mathrm{d}u.$$

上式称为**分部积分公式**.

分部积分公式的主要作用是把左边的不定积分 $\int u(x)\mathrm{d}v(x)$ 转化为右边的不定积分 $\int v(x)\mathrm{d}u(x)$,显然后一个积分较前一个积分要容易,否则,该转化是无意义的.正确地选取 u 和 $\mathrm{d}v$ 是应用分步积分法的关键.下面举例介绍如何正确地选取 u 和 $\mathrm{d}v$.

【例1】　求 $\int x\cos x\mathrm{d}x$.

解　令 $u=x,\cos x\mathrm{d}x=\mathrm{d}(\sin x)=\mathrm{d}v$,则

$$\int x\cos x\mathrm{d}x=\int x\mathrm{d}(\sin x)=x\sin x-\int \sin x\mathrm{d}x=x\sin x+\cos x+C.$$

【例2】　求 $\int x\mathrm{e}^x\mathrm{d}x$.

解　令 $u=x$, $\mathrm{e}^x\mathrm{d}x=\mathrm{d}(\mathrm{e}^x)=\mathrm{d}v$,则

$$\int x\mathrm{e}^x\mathrm{d}x=\int x\mathrm{d}(\mathrm{e}^x)=x\mathrm{e}^x-\int \mathrm{e}^x\mathrm{d}x=x\mathrm{e}^x-\mathrm{e}^x+C$$

思考:被积函数是 $x^n\cdot \mathrm{e}^{kx}$ 或 $x^n\cdot \sin kx,x^n\cdot \cos kx$ 时,怎样用分部积分法求积分?

【例3】　求 $\int \ln x\mathrm{d}x$.

解　令 $u=\ln x,\mathrm{d}x=\mathrm{d}v$,则

$$\int \ln x\mathrm{d}x=x\ln x-\int x\mathrm{d}(\ln x)=x\ln x-\int x\cdot \frac{1}{x}\mathrm{d}x$$

$$= x \ln x - x + C .$$

【例 4】 求 $\int \arccos x \, \mathrm{d}x$.

解 令 $u = \arccos x$，$\mathrm{d}x = \mathrm{d}v$，则

$$\int \arccos x \, \mathrm{d}x = x \arccos x - \int x \, \mathrm{d}(\arccos x) = x \arccos x + \int \frac{x}{\sqrt{1-x^2}} \, \mathrm{d}x$$

$$= x \arccos x - \frac{1}{2} \int \frac{\mathrm{d}(1-x^2)}{\sqrt{1-x^2}} = x \arccos x - \sqrt{1-x^2} + C.$$

思考：被积函数是 $x^n \cdot \ln kx$ 或 $x^n \cdot \arcsin kx$，$x^n \cdot \arctan kx$ 时，怎样用分部积分法求积分？

【例 5】 求 $\int x \arctan x \, \mathrm{d}x$.

解 令 $u = \arctan x$，$x \, \mathrm{d}x = \mathrm{d}\left(\frac{1}{2}x^2\right) = \mathrm{d}v$，则

$$\int x \arctan x \, \mathrm{d}x = \frac{1}{2}x^2 \arctan x - \frac{1}{2} \int x^2 \, \mathrm{d}(\arctan x)$$

$$= \frac{1}{2}x^2 \arctan x - \frac{1}{2} \int \frac{x^2}{1+x^2} \, \mathrm{d}x$$

$$= \frac{1}{2}x^2 \arctan x - \frac{1}{2} \int \frac{x^2+1-1}{1+x^2} \mathrm{d}x$$

$$= \frac{1}{2}(x^2 \arctan x - x + \arctan x) + C.$$

【例 6】 求 $\int \mathrm{e}^x \sin x \, \mathrm{d}x$.

解 令 $u = \mathrm{e}^x$，$\sin x \, \mathrm{d}x = \mathrm{d}(-\cos x) = \mathrm{d}v$，则

$$\int \mathrm{e}^x \sin x \, \mathrm{d}x = -\mathrm{e}^x \cos x + \int \cos x \, \mathrm{d}(\mathrm{e}^x) = -\mathrm{e}^x \cos x + \int \mathrm{e}^x \cos x \, \mathrm{d}x$$

$$= -\mathrm{e}^x \cos x + \int \mathrm{e}^x \, \mathrm{d}(\sin x) = \mathrm{e}^x (\sin x - \cos x) - \int \sin x \, \mathrm{d}(\mathrm{e}^x)$$

$$= \mathrm{e}^x (\sin x - \cos x) - \int \mathrm{e}^x \sin x \, \mathrm{d}x,$$

移项 $\qquad 2 \int \mathrm{e}^x \sin x \, \mathrm{d}x = \mathrm{e}^x (\sin x - \cos x) + C_1,$

故 $\qquad \int \mathrm{e}^x \cos x \, \mathrm{d}x = \frac{1}{2}\mathrm{e}^x (\sin x - \cos x) + C \quad \left(C = \frac{1}{2}C_1 \right).$

思考:被积函数是 $e^{mx} \cdot \sin nx$,$e^{mx} \cdot \cos nx$ 时,怎样用分部积分法求积分?

选择 u 和 v 的常用规律:

(1)被积函数=幂函数×三角函数(或指数函数)时,选取 u =幂函数,dv =三角函数(或指数函数)× dx;

(2)被积函数=幂函数×反三角函数(或对数函数)时,选取 u =反三角函数(或对数函数),dv =幂函数× dx;

(3)被积函数=单一的反三角函数(或对数函数)时,选取 u =单一的函数,$dv = dx$;

(4)被积函数=指数函数×三角函数时,选择哪一个函数为 u 均可以,但该积分要经过两次分部积分,再解出所求的积分.

> **注意**
>
> (1) 该方法与凑微分法的不同在于:凑微分法凑的微分与被积函数有关,而分部积分法凑的微分 dv 与 u 无关.
>
> (2) u,v 的选择原则:
>
> ① 由 $\varphi(x)dx = dv$,求 v 比较容易;
>
> ② $\int v du$ 比 $\int u dv$ 更容易计算.

习　题　4.4

1. 求下列不定积分:

(1) $\int x \sin x \, dx$;

(2) $\int \ln (x-1) dx$;

(3) $\int \arcsin x \, dx$;

(4) $\int \arctan x \, dx$;

(5) $\int e^x \cos x \, dx$;

(6) $\int x^2 e^x \, dx$.

2. 选择题:

(1)若 $f(x)$ 的一个原函数为 $\ln^2 x$,则 $\int x f'(x) dx = ($　　).

　　A. $\ln x - \ln^2 x + C$　　B. $2\ln x + \ln^2 x + C$　　C. $2\ln x - \ln^2 x + C$　　D. $\ln x + \ln^2 x + C$

(2)若 $\int x f(x) dx = x \sin x - \int \sin x \, dx$,则 $f(x) = ($　　).

　　A. $\sin x$　　　　　　B. $\cos x$　　　　　　　C. $-\cos x$　　　　　　D. $-\sin x$

3. 设 $f(x)$ 的一个原函数为 $x e^{-x}$,求下列不定积分:

(1) $\int f(x) dx$;　　(2) $\int x f'(x) dx$;　　(3) $\int x f(x) dx$.

4.5 用 MATLAB 求不定积分

通过前面的讨论可以看出积分的运算灵活、复杂,常常面临较大的计算量.随着计算机辅助分析在高等数学中的应用,我们可以直接利用 MATLAB 符号数学工具箱中提供的函数 int 来求解符号积分.

在 MATLAB 中,int 命令的调用格式如表 4.5.1 所示.

表　4.5.1

命　令	说　明
R=int(S)	用默认的变量求符号表达式 S 的不定积分
R=int(S,v)	用符号变量 v 作为变量求符号表达式 S 的不定积分

【例1】 用 MATLAB 求不定积分 $\displaystyle\int \frac{\sin x + \cos x}{\sqrt[3]{\sin x - \cos x}}\,\mathrm{d}x$.

解　>> syms x;

>> f1 = sin(x) + cos(x);f2 = (sin(x) - cos(x))^(1/3);

　　　　　 % 定义被积函数的分子 f1、分母 f2

>> f = f1/f2;　 % 定义被积函数 f = f1/f2

>> F = int(f)　 % 求 f 的不定积分

按 Enter 键,

　　 F = 3/2 * (sin(x) - cos(x))^(2/3)

$$\int \frac{\sin x + \cos x}{\sqrt[3]{\sin x - \cos x}}\,\mathrm{d}x = \frac{3}{2}\sqrt[3]{(\sin x - \cos x)^2} + C\,(\text{最终结果记得加上常数 } C).$$

【例2】 用 MATLAB 求不定积分 $\displaystyle\int \frac{\arctan\sqrt{x}}{\sqrt{x}\,(1+x)}\mathrm{d}x$.

解　>> syms x;

>> f1 = atan(sqrt(x));f2 = sqrt(x) * (1 + x);

>> f = f1/f2;

>> F = int(f)

按 Enter 键,

　　 F = atan(x^(1/2))^2

所以　　　　　　　$$\int \frac{\arctan\sqrt{x}}{\sqrt{x}\,(1+x)}\mathrm{d}x = (\arctan\sqrt{x})^2 + C.$$

【例3】 用 MATLAB 求不定积分 $\displaystyle\int \frac{1}{\sqrt{x^2 \pm a^2}}\,\mathrm{d}x$.

解   >> syms x a;

>> I1 = int(1/sqrt(x^2 + a^2));

>> F1 = simple(I1);

>> I2 = int(1/sqrt(x^2 − a^2));

>> F2 = simple(I2);

>> F = [F1;F2]

按 Enter 键,

F = log(x + (x^2 + a^2)^(1/2))

　　log(x + (x^2 − a^2)^(1/2))

所以　　　　　　　　$\int \dfrac{1}{\sqrt{x^2 \pm a^2}}\,\mathrm{d}x = \ln(x + \sqrt{x^2 \pm a^2}) + C.$

习　题　4.5

用 MATLAB 求下列积分.

(1) $\int \sqrt{x^2 + x^3}\,\mathrm{d}x$;　　　　(2) $\int \mathrm{e}^{2x}\sin x\,\mathrm{d}x$;　　　　(3) $\int \dfrac{1}{x\sqrt{x-2}}\,\mathrm{d}x$.

小结

　　本章介绍了不定积分的定义及四种求函数的不定积分的方法.分别是:直接积分法、凑微分法、第二类换元积分法、分部积分法.直接积分法、凑微分法是"套积分公式"的思想方法(前者套一次公式,后者套两次公式);第二类换元积分法、分部积分法是"转换"的思想(前者通过函数变换 $x = \varphi(t)$ 的方式,后者通过套分部积分公式的方式),将难求的积分转换为易求的积分.

4.1　不定积分的概念与性质

一、主要内容与要求

1. 理解函数的原函数的概念、数量,了解原函数存在的条件及任两个原函数之间的关系.

2. 理解不定积分的概念,掌握不定积分的性质,熟练掌握四类基本积分公式.

3. 会用直接积分法求简单函数的积分.

二、方法小结

1. 被积函数是两个多项式的乘积时,用多项式的乘法将被积函数展开,转化为和差形式后,利用性质及积分公式求解.

2. 被积函数是两个多项式的商时,有:

(1) 多项式/单项式,用分子中的每一项除分母,则被积函数转化为幂函数的和、差形式;

(2) 多项式/多项式,可通过分子中增项、减项的方法使分子中构造出与分母相同的项,再用分子除以分母,则被积函数转化为和、差形式.

3. 被积函数是三角函数时可用三角恒等式变形.

4.2　不定积分的第一类换元积分法

一、主要内容与要求

1. 理解第一类换元积分法的解题原理,熟练掌握用凑微分法求特殊函数的积分.

2. 熟练掌握常用的凑微分等式.

二、方法小结

凑微分法关键是凑出 $\mathrm{d}\varphi(x)$,且注意 $\mathrm{d}\varphi(x)$ 与剩余的被积函数有关,常用的有以下方法:

1. 利用 $\mathrm{d}x = \dfrac{1}{a}\mathrm{d}(ax+b)$;

2. 当被积函数有一部分是公式表的被积函数 $f(x)$ 时,可以将 $f(x)\mathrm{d}x$ 凑成 $\mathrm{d}F(x)$,比如:

$$x\,\mathrm{d}x = \mathrm{d}\left(\frac{1}{2}x^2\right);\quad \frac{1}{x}\mathrm{d}x = \mathrm{d}(\ln|x|);\quad \frac{1}{\sqrt{x}}\mathrm{d}x = 2\mathrm{d}(\sqrt{x});$$

$$\frac{1}{x^2}\mathrm{d}x = -\mathrm{d}\left(\frac{1}{x}\right);\quad \frac{1}{\sqrt{1-x^2}}\mathrm{d}x = \mathrm{d}(\arcsin x);$$

$$\frac{1}{1+x^2}\mathrm{d}x = \mathrm{d}(\arctan x);\quad \mathrm{e}^x\,\mathrm{d}x = \mathrm{d}(\mathrm{e}^x);$$

$$\sin x\,\mathrm{d}x = -\mathrm{d}(\cos x);\quad \cos x\,\mathrm{d}x = \mathrm{d}(\sin x).$$

3. 被积表达式是三角函数时,可利用三角函数的恒等式变形,再凑微分.

4. 被积表达式是 x 的代数式时,可利用代数恒等式变形,再凑微分.

4.3　不定积分的第二类换元积分法

一、主要内容与要求

1. 理解第二类换元积分法的解题原理,熟练掌握第二类换元积分法求积分.

2. 了解两类换元积分法的区别.

二、方法小结

第二换元法的关键在于选择合适的变换 $x = \varphi(t)$,可以通过以下方法:

1. 当被积表达式中含简单根式 $\sqrt{ax+b}$,或 $\sqrt[m]{x}$ 和 $\sqrt[n]{x}$ 时,可直接令 $t = \sqrt{ax+b}$ 或这几个简单根式的最小公因式 $t = \sqrt[m\cdot n]{x}$.

2. 当被积表达式中含如下的二次根式时,通常可以进行三角代换.代换规律如下:

(1) 被积函数中含有 $\sqrt{a^2-x^2}$,令 $x=a\sin t$ 或 $x=a\cos t$;

(2) 被积函数中含有 $\sqrt{x^2+a^2}$,令 $x=a\tan t$ 或 $x=a\cot t$;

(3) 被积函数中含有 $\sqrt{x^2-a^2}$,令 $x=a\sec t$ 或 $x=a\csc t$.

4.4 不定积分的分部积分法

一、主要内容与要求

1. 熟练掌握分部积分公式并会用公式求积分.

2. 熟练掌握三类用分部积分法的典型积分题.

二、方法小结

运用分部积分公式的关键在于正确选择 u 和 $\mathrm{d}v$,具体选择方法如下:

1. 被积函数=幂函数×正(余)弦函数
   被积函数=幂函数×指数函数 $\Big\}$ 则选 u 为幂函数;

2. 被积函数=对数函数×幂函数,选 u 为对数函数;
   被积函数=反三角函数×幂函数,选 u 为反三角函数;

3. 被积函数是单一函数时,已自然形成 $\displaystyle\int u\,\mathrm{d}v$ 的形式;

4. 被积函数=指数函数×正(余)弦函数,选择哪一个函数为 u 均可以.

这种积分较前面三种要复杂些,它需经过两次分部积分得到与原积分相同但符号相反的积分,然后通过移项、合并,得到结果.

4.5 不定积分的 MATLAB 解法

主要内容与要求

熟练掌握求积分的命令 int 及调用格式.

第 5 章

定 积 分

定积分是积分学的另一个重要概念,它在工程和科学技术领域中有着广泛的运用.本章通过总结两个实例解答中的相同思想、步骤,引出定积分的概念,并介绍定积分的性质、计算方法及其运用.

5.1 定积分的概念与性质

5.1.1 两个实例

1. 曲边梯形的面积

曲边梯形是将直角梯形的斜腰换成连续曲线段后的图形,如图 5.1.1(a)所示.图 5.1.1(b)是曲边梯形的右平行边的直线退化为一点的情形.

在实际应用中,常常需要求由一条或几条曲线所围成的不规则平面图形的面积.如图 5.1.2所示,可以将这种不规则的图形分割为若干个曲边梯形,再求这几个曲边梯形面积之和,因此讨论由曲线围成的平面图形的面积问题可以归结为讨论曲边梯形的面积问题.

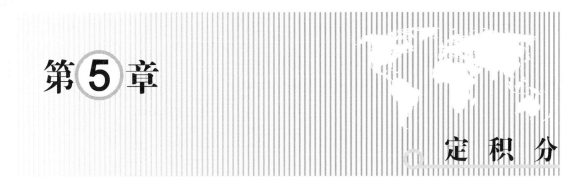

(a)　　　　　　(b)

图　5.1.1　　　　　　　图　5.1.2

下面来讨论曲边梯形面积的计算方法.

【例1】 如图 5.1.3 所示,将曲边梯形的直腰放在 x 轴上,两平行底边为 $x=a$,$x=b$,设曲边的方程为 $y=f(x)$ 且 $f(x)$ 在 $[a,b]$ 上连续,$f(x)\geqslant0$,求曲边梯形的面积 A.

解 (1) 分割区间$[a,b]$:化整为零.

在$[a,b]$上任取一组顺序分点 $a=x_0<x_1<x_2<\cdots<x_{i-1}<x_i<\cdots<x_n=b$,将区间$[a,b]$分成 n 个小区间:

$$[a,b]=[x_0,x_1]\cup[x_1,x_2]\cup\cdots\cup[x_{i-1},x_i]\cup\cdots\cup[x_{n-1},x_n],$$

相应地,曲边梯形分割为 n 个小曲边梯形,它们的面积分别为:$\Delta A_1,\Delta A_2,\cdots,\Delta A_n$,此时曲边梯形的面积 $A=\sum\limits_{i=1}^{n}\Delta A_i$.

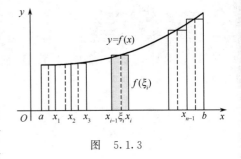

图 5.1.3

(2) 近似代替:小范围内以不变代变.

在每一个区间$[x_{i-1},x_i]$上任取一点 ξ_i,用以 $f(\xi_i)$为高,以 $\Delta x_i(=x_i-x_{i-1})$为底的小矩形的面积近似代替同底的小曲边梯形的面积(以矩形的高 $f(\xi_i)$代替小曲边梯形的底 $f(x)$),即 $\Delta A_i\approx f(\xi_i)\Delta x_i,i=1,2,\cdots,n$.

(3) 求和,得曲边梯形面积 A 的近似值.

用小矩形的面积的和 $\sum\limits_{i=1}^{n}f(\xi_i)\Delta x_i$ 近似代替整个曲边梯形的面积 A,即:

$$A=\sum_{i=1}^{n}\Delta A_i\approx f(\xi_1)\Delta x_1+f(\xi_2)\Delta x_2+\cdots+f(\xi_n)\Delta x_n=\sum_{i=1}^{n}f(\xi_i)\Delta x_i.$$

(4) 取极限:得面积 A 的精确值.

令 $\|\Delta x\|=\max\limits_{1\leqslant i\leqslant n}\{\Delta x_i\}$,当 $\|\Delta x\|$ 愈来愈小时,每个小矩形的面积愈来愈接近于相应的小曲边梯形的面积,从而和式 $\sum\limits_{i=1}^{n}f(\xi_i)\Delta x_i$ 就愈来愈接近于曲边梯形的面积 A,此时曲边梯形的面积 $A=\lim\limits_{\|\Delta x\|\to 0}\sum\limits_{i=1}^{n}f(\xi_i)\Delta x_i$.

2. 变速直线运动的路程

【例2】 设某物体作直线运动,已知速度 $v=v(t)$是时间 $t,t\in[T_1 T_2]$的一个连续函数,且 $v(t)\geqslant0$,求物体在这段时间内所经过的路程.

分析 把整段时间分割成若干小段,每小段时间内的速度看作不变,求出各小段的路程,再相加,便得到路程的近似值,最后通过对时间的无限细分过程,求得物体在这段时间内所经过的路程的精确值.

解 (1) 分割区间$[T_1,T_2]$:化整为零.

在$[T_1,T_2]$上任取一组顺序分点 $T_0=t_0<t_1<t_2<\cdots<t_{i-1}<t_i<\cdots<x_n=T_1$,把时间区间$[T_0,T_1]$分成 n 个小时间段

$$[T_0,T_1]=[t_0,t_1]\cup[t_1,t_2]\cup\cdots\cup[t_{i-1},t_i]\cup\cdots\cup[t_{n-1},t_n],$$

记第 i 个时间段 $[t_{i-1}, t_i]$ 的长度为 $\Delta t_i = t_i - t_{i-1}$，物体在第 i 个时间段内所过走的路程为 ΔS_i $(i = 1, 2, \cdots, n)$.

（2）近似代替：小范围内以不变代变.

在小时间段 $[t_{i-1}, t_i]$ 上认为物体运动是匀速的，用其中任一时刻 τ_i 的速度 $v(\tau_i)$ 来近似代替变化的速度 $v(t)$，即 $v(t) \approx v(\tau_i)$，$t \in [t_{i-1}, t_i]$，得到 ΔS_i 的近似值 $\Delta S_i \approx v(\tau_i)\Delta t_i$.

（3）求和：得路程 S 的近似值.

把 n 段时间上的路程近似值相加，得到总路程的近似值 $S \approx \sum\limits_{i=1}^{n} v(\tau_i)\Delta t_i$.

（4）取极限：得路程 S 的精确值.

当最长的小时间段长度 $\|\Delta t\| = \max\limits_{1 \leqslant i \leqslant n}\{\Delta t_i\}$ 愈来愈趋近于零时，就有 $v(\tau_i)\Delta t_i$ 愈来愈接近小段路程 ΔS_i，从而和式 $\sum\limits_{i=1}^{n} v(\tau_i)\Delta t_i$ 愈来愈接近于物体在 $[T_0, T_1]$ 时间段内所过走的整段路程 S，于是，和式 $\sum\limits_{i=1}^{n} v(\tau_i)\Delta t_i$ 的极限就是路程 S 的精确值，即 $S = \lim\limits_{\|\Delta t\| \to 0} \sum\limits_{i=1}^{n} v(\tau_i)\Delta t_i$.

上面两个实例，前者是几何量问题，后者是物理量问题，实际意义不同，但解决问题的数学思想与方法是相同的：都是采取分割自变量区间、每个小区间内以不变代变（近似代替）、求和、取极限，最后都归结为同一种特定和式的极限.事实上，在科学技术中有许多实际问题，比如：变力做功、液体压力、流量等的计算问题，也是归结为求这种特定和式的极限.我们可以抛开实际问题的具体意义，只从数量上的共性加以概括和抽象，对这个数学模型我们给予如下定义.

5.1.2 定积分的定义

定义 设函数 $y = f(x)$ 是定义在区间 $[a, b]$ 上的有界函数，在 $[a, b]$ 中插入 $n-1$ 个分点

$$a = x_0 < x_1 < \cdots < x_{i-1} < x_i < \cdots < x_{n-1} < x_n = b,$$

把区间 $[a, b]$ 分成 n 个小区间 $[x_0, x_1]$，$[x_1, x_2]$，$\cdots$，$[x_{i-1}, x_i]$，$\cdots$，$[x_{n-1}, x_n]$.第 i 个小区间 $[x_{i-1}, x_i]$ 的长度记为 $\Delta x_i (i = 1, \cdots, n)$，即 $\Delta x_i = x_i - x_{i-1}(i = 1, \cdots, n)$，在每个小区间 $[x_{i-1}, x_i]$ 上任取一点 ξ_i，$(x_{i-1} \leqslant \xi_i \leqslant x_i)$，作函数值 $f(\xi_i)$ 与小区间长度 Δx_i 的乘积 $f(\xi_i)\Delta x_i (i = 1, \cdots, n)$，把这 n 个乘积相加，得和式 $\sum\limits_{i=1}^{n} f(\xi_i)\Delta x_i$，如果不论对区间 $[a, b]$ 采取何种分法及 ξ_i 如何选取，当 $\|\Delta x\| \to 0$ 时（$\|\Delta x\| = \max\limits_{1 \leqslant i \leqslant n}\{\Delta x_i\}$），和式的极限 $\lim\limits_{\|\Delta x\| \to 0} \sum\limits_{i=1}^{\infty} f(\xi_i)\Delta x_i$ 存在，则称此极限值叫做函数 $f(x)$ 在区间 $[a, b]$ 上的**定积分**，记作 $\int_a^b f(x)\mathrm{d}x$，

$$\int_a^b f(x)\mathrm{d}x = \lim\limits_{\|\Delta x\| \to 0} \sum\limits_{i=1}^{n} f(\xi_i)\Delta x_i.$$

其中"$\int$"称为**积分号**，$[a,b]$称为**积分区间**，积分号下方的 a 称为**积分下限**，上方的 b 称为**积分上限**，x 称为**积分变量**，$f(x)$ 称为**被积函数**，$f(x)\mathrm{d}x$ 称为**被积表达式**.

于是上述实例1：由曲线 $y=f(x)$，直线 $x=a$，$x=b$ 和 x 轴围成的曲边梯形面积为 $A=\int_a^b f(x)\mathrm{d}x$；实例2：以速度 $v=v(t)$ 作变速直线运动的物体，从时刻 T_1 到 T_2 通过的路程为 $s=\int_{T_1}^{T_2} v(t)\mathrm{d}t$.

关于定积分的定义，作以下两点说明：

（1）如果已知 $f(x)$ 在$[a,b]$上可积，那么对$[a,b]$的任意分法及 ξ_i 在$[x_{i-1},x_i]$中任意取法，极限 $\lim\limits_{\|\Delta x\|\to 0}\sum\limits_{i=1}^n f(\xi_i)\Delta x_i$ 总存在且相同，因此若用定积分的定义求 $\int_a^b f(x)\mathrm{d}x$ 时，为了简化计算，对$[a,b]$可以采用特殊的分法（如等分$[a,b]$）以及 ξ_i 的特殊取法（如取 ξ_i 为左端点 x_{i-1}）.

（2）定积分 $\int_a^b f(x)\mathrm{d}x$ 是一个数，这个数仅与被积函数 $f(x)$ 及积分区间$[a,b]$有关，而与积分变量的选择无关，因此 $\int_a^b f(x)\mathrm{d}x=\int_a^b f(t)\mathrm{d}t=\int_a^b f(u)\mathrm{d}u$.

（3）定积分与不定积分的区别：

定积分 $\int_a^b f(x)\mathrm{d}x=\lim\limits_{\|\Delta x\|\to 0}\sum\limits_{i=1}^\infty f(\xi_i)\Delta x_i$ 表示一个实数；

不定积分 $\int f(x)\mathrm{d}x=F(x)+C$ 表示一簇函数.

5.1.3　定积分的几何意义

根据定积分的定义，我们可以分三种情况讨论其几何意义.

（1）如图 5.1.3 所示，当$[a,b]$上的函数 $f(x)\geqslant 0$ 时，定积分 $\int_a^b f(x)\mathrm{d}x$ 表示由 $y=f(x)$，$x=a$，$x=b$ 和 x 轴所围成的曲边梯形的面积.

（2）如图 5.1.4 所示，当$[a,b]$上的函数 $f(x)\leqslant 0$ 时，定积分 $\int_a^b f(x)\mathrm{d}x$ 表示由 $y=f(x)$，$x=a$，$x=b$ 和 x 轴所围成的曲边梯形面积的相反数.

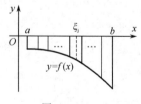

图　5.1.4

（因为 $f(x)\leqslant 0\Rightarrow -f(x)\geqslant 0$，此时的曲边梯形的面积是 $A=\lim\limits_{\|\Delta x\|\to 0}\sum\limits_{i=1}^n [-f(\xi_i)]\Delta x_i=-\lim\limits_{\|\Delta x\|\to 0}\sum\limits_{i=1}^n f(\xi_i)\Delta x_i=-\int_a^b f(x)\mathrm{d}x$.）

（3）如图 5.1.5 所示，当 $[a, b]$ 上的函数 $f(x)$ 有正有

负时，由上述（1），（2）可知，定积分 $\int_a^b f(x) \mathrm{d}x$ 的几何意义

表示由 $y = f(x)$，$x = a$，$x = b$ 和 x 轴所围成的 x 轴上方图

形的面积减去 x 轴下方图形的面积.

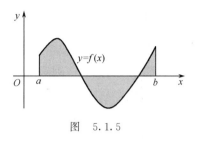

图 5.1.5

我们称 $\int_a^b f(x) \mathrm{d}x$ 为曲边梯形的代数和面积. 于是，

由 $y = f(x)$，$y = 0$，$x = a$，$x = b (a < b)$ 所围成的曲边梯形

的面积可以表示为 $A = \int_a^b | f(x) | \mathrm{d}x$.

另外，根据定积分的几何意义，有些定积分直接可以从几何中的面积公式得到，例如：

$\int_a^b \mathrm{d}x = \int_a^b 1 \cdot \mathrm{d}x = b - a$（高为 1、底为 $b - a$ 的矩形面积）；

$\int_0^a x \mathrm{d}x = \dfrac{1}{2} a^2$（高为 a，底为 a 的直角三角形面积）；

$\int_0^R \sqrt{R^2 - x^2} \mathrm{d}x = \dfrac{1}{2} \pi R^2$（半径为 R 的上半圆的面积）；

$\int_0^{2\pi} \sin x \mathrm{d}x = 0$（平面图形面积的代数和为 0）.

5.1.4　定积分的性质

性质 1（反积分区间性质）

$$\int_a^b f(x) \mathrm{d}x = -\int_b^a f(x) \mathrm{d}x ; \qquad 特例 \int_a^a f(x) \mathrm{d}x = 0.$$

性质 2（线性性质）

$$\int_a^b [m f(x) + n g(x)] \mathrm{d}x = m \int_a^b f(x) \mathrm{d}x + n \int_a^b g(x) \mathrm{d}x \quad (m, n \in \mathbf{R}).$$

性质 3（定积分的区间可加性）

$$\int_a^b f(x) \mathrm{d}x = \int_a^c f(x) \mathrm{d}x + \int_c^b f(x) \mathrm{d}x \quad (a, b, c \ 为常数).$$

【例 1】　已知 $\int_0^1 x \mathrm{d}x = \dfrac{1}{2}$，$\int_0^3 x \mathrm{d}x = \dfrac{9}{2}$，求 $\int_1^3 x \mathrm{d}x$

解　根据性质 3 得　$\int_0^3 x \mathrm{d}x = \int_0^1 x \mathrm{d}x + \int_1^3 x \mathrm{d}x$

所以　$\int_1^3 x \mathrm{d}x = \int_0^3 x \mathrm{d}x - \int_0^1 x \mathrm{d}x = \dfrac{9}{2} - \dfrac{1}{2} = 4.$

注　意

c 可以在 (a, b) 之内，也可以在 (a, b) 之外.

性质 4(定积分的保号性)

如果在区间 $[a,b]$ 上有 $f(x) \leqslant g(x)$,则 $\int_a^b f(x)\mathrm{d}x \leqslant \int_a^b g(x)\mathrm{d}x$.

【例 2】 试比较下列定积分的大小:

(1) $\int_0^1 x^2 \mathrm{d}x$ 与 $\int_0^1 x^4 \mathrm{d}x$;   (2) $\int_1^3 x^2 \mathrm{d}x$ 与 $\int_1^3 x^4 \mathrm{d}x$.

解 (1) 因为 $0 \leqslant x \leqslant 1$ 时,$x^2 \geqslant x^4$,所以 $\int_0^1 x^2 \mathrm{d}x \geqslant \int_0^1 x^4 \mathrm{d}x$;

(2) 因为 $1 \leqslant x \leqslant 3$ 时,$x^2 \leqslant x^4$,所以 $\int_1^3 x^2 \mathrm{d}x \leqslant \int_1^3 x^4 \mathrm{d}x$.

性质 5(积分估值定理)

设函数 $m \leqslant f(x) \leqslant M$,$x \in [a,b]$,则 $m(b-a) \leqslant \int_a^b f(x)\mathrm{d}x \leqslant M(b-a)$.

【例 3】 证明不等式 $2\mathrm{e}^{-\frac{1}{4}} \leqslant \int_0^2 \mathrm{e}^{x^2-x} \mathrm{d}x \leqslant 2\mathrm{e}^2$.

分析 这类问题往往是求出被积函数在积分区间上的最大值和最小值,然后利用估值定理证明.

证明 因为函数 x^2-x 在区间 $[0,2]$ 上的最大值、最小值分别为 2,$-\dfrac{1}{4}$,所以 $\mathrm{e}^{-\frac{1}{4}} \leqslant$ $\mathrm{e}^{x^2-x} \leqslant \mathrm{e}^2$,由估值定理得 $2\mathrm{e}^{-\frac{1}{4}} \leqslant \int_0^2 \mathrm{e}^{x^2-x} \mathrm{d}x \leqslant 2\mathrm{e}^2$.

性质 6(积分中值定理)

设函数 $f(x)$ 在区间 $[a,b]$ 上连续,则在 (a,b) 之间至少存在一个 ξ,使

$$\int_a^b f(x)\mathrm{d}x = f(\xi)(b-a).$$

积分中值定理有以下的几何解释:若 $f(x)$ 在 $[a,b]$ 上连续且非负,定理表明在 (a,b) 上至少存在一点 ξ,使得以 $[a,b]$ 为底边,曲线 $y=f(x)$ 为曲边的曲边梯形的面积与同底、高为 $f(\xi)$ 的矩形的面积相等,如图 5.1.6 所示. 因此从几何角度看,$f(\xi)$ 可以看作曲边梯形的曲顶的平均高度;从函数值的角度上看,$f(\xi)$ 理所当然地应该是 $f(x)$ 在 $[a,b]$ 上的平均值,因此积分中值定理这里解决了如何求一个连续变化量的平均值问题.

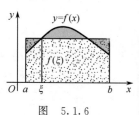

图 5.1.6

习 题 5.1

1. 判断题:

(1)定积分的定义 $\int_a^b f(x)\mathrm{d}x = \lim\limits_{\|\Delta x_i\| \to 0} \sum\limits_{i=1}^n f(\xi_i)\Delta x_i$ 说明 $[a,b]$ 可有任意分法,ξ_i 必须

是 $[x_{i-1}, x_i]$ 的端点.   (　　)

(2) $\int_{-\pi}^{\pi} \sin x \, dx \neq 0$.   (　　)

(3) $\int_{-1}^{1} |x| \, dx = 2 \int_{0}^{1} |x| \, dx$.   (　　)

(4) $\left[\int_{a}^{b} f(x) \, dx \right]' = 0$.   (　　)

(5) 若 $f(x), g(x)$ 均可积,且 $f(x) < g(x)$,则 $\int_{a}^{b} f(x) \, dx < \int_{a}^{b} g(x) \, dx$.   (　　)

2. 填空题:

(1)比较下列定积分的大小(填写不等号).

$\int_{1}^{2} \ln x \, dx \underline{\hspace{1.5cm}} \int_{1}^{2} (\ln x)^2 \, dx$; $\int_{0}^{1} x \, dx \underline{\hspace{1.5cm}} \int_{0}^{1} \ln(1+x) \, dx$.

(2)利用定积分的几何意义,填写下列积分的结果.

$\int_{0}^{2} x \, dx = \underline{\hspace{3cm}}$; $\int_{-a}^{a} \sqrt{a^2 - x^2} \, dx = \underline{\hspace{3cm}}$;

(3) $\dfrac{d}{dx} \int_{a}^{b} e^{at} \sin bt \, dt = \underline{\hspace{2cm}}$.

(4)由曲线 $y = x^2 + 1$ 与直线 $x = 1, x = 2$ 及 x 轴所围成的曲边梯形的面积用定积分表示为 $\underline{\hspace{2cm}}$.

(5)自由落体的速度 $v = gt$,其中 g 表示重力加速度,当物体从第 1 s 开始,经过 2 s 后经过的路程用定积分表示为 $\underline{\hspace{2cm}}$.

(6)定积分的值只与 $\underline{\hspace{2cm}}$ 及 $\underline{\hspace{2cm}}$ 有关,而与积分变量的符号无关.

3. 选择题:

(1)下列等式中正确的是(　　).

     A. $\dfrac{d}{dx} \int_{a}^{b} f(x) \, dx = f(x)$ B. $\dfrac{d}{dx} \int f(x) \, dx = f(x)$

     C. $\dfrac{d}{dx} \int_{a}^{x} f(x) \, dx = f(x) - f(a)$ D. $\int f'(x) \, dx = f(x)$

(2)定积分 $\int_{a}^{b} f(x) \, dx$ 是(　　).

     A. 一个常数   B. $f(x)$ 的一个原函数

     C. 一个函数族   D. 一个非负常数

(3)下列命题中正确的是(　　)(其中 $f(x)$、$g(x)$ 均为连续函数).

     A. 在 $[a, b]$ 上若 $f(x) \neq g(x)$,则 $\int_{a}^{b} f(x) \, dx \neq \int_{a}^{b} g(x) \, dx$.

     B. $\int_{a}^{b} f(x) \, dx \neq \int_{a}^{b} f(t) \, dt$.

C. $\mathrm{d}\displaystyle\int_a^b f(x)\mathrm{d}x = f(x)\mathrm{d}x$.

D. $f(x) \neq g(x)$，则 $\displaystyle\int f(x)\mathrm{d}x \neq \int g(x)\mathrm{d}x$.

(4) 设函数 $f(x)$ 仅在区间 $[0,4]$ 上可积，则必有 $\displaystyle\int_0^3 f(x)\mathrm{d}x = ($　　$)$.

A. $\displaystyle\int_0^2 f(x)\mathrm{d}x + \int_2^3 f(x)\mathrm{d}x$ 　　　　B. $\displaystyle\int_0^{-1} f(x)\mathrm{d}x + \int_{-1}^3 f(x)\mathrm{d}x$

C. $\displaystyle\int_0^5 f(x)\mathrm{d}x + \int_5^3 f(x)\mathrm{d}x$ 　　　　D. $\displaystyle\int_0^{10} f(x)\mathrm{d}x + \int_{10}^3 f(x)\mathrm{d}x$

5.2　微积分基本公式

如果直接用定义计算定积分的值，非常麻烦.所以，需要寻找简便而有效的计算方法.本节介绍的牛顿-莱布尼茨公式，也称为微积分基本公式，可以解决这个问题.

5.2.1　变上限函数

上节知道定积分 $\displaystyle\int_a^b f(x)\mathrm{d}x$ 表示曲线 $y = f(x)$ 在区间 $[a,b]$ 上的曲边梯形 $AabB$ 的面积.

如果 x 是区间 $[a,b]$ 上任一点，定积分 $\displaystyle\int_a^x f(x)\mathrm{d}x$ 表示曲线 $y = f(x)$ 在区间 $[a,x]$ 上的曲边梯形的 $AaxC$ 面积 $\Phi(x)$，如图 5.2.1 阴影部分所示.当 x 在区间 $[a,b]$ 上变化时，对每一个 $x \in [a,b]$，都有一个确定的值 $\Phi(x) = \displaystyle\int_a^x f(t)\mathrm{d}t$ 与之对应，因此可以按对应规律 $x \in [a,b] \to \displaystyle\int_a^x f(t)\mathrm{d}t$ 定义一个函数，所以变上限定积分 $\displaystyle\int_a^x f(t)\mathrm{d}t$ 是上限的函数.

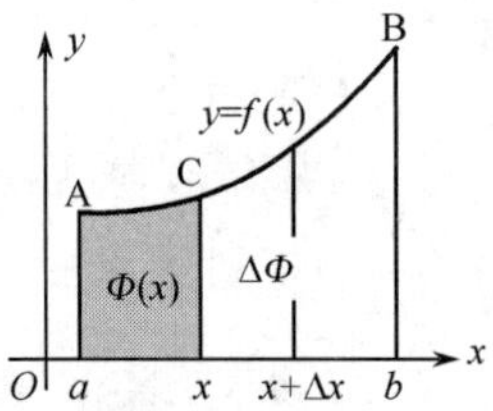

图　5.2.1

定义　设函数 $f(x)$ 在 $[a,b]$ 上可积，则称函数

$$\Phi(x) = \int_a^x f(t)\mathrm{d}t, x \in [a,b] \tag{5.2.1}$$

为积分上限函数，或称变上限函数.

注意

积分上限函数 $\Phi(x)$ 是 x 的函数，与积分变量是 t 或 u 无关.

定理 1（微积分基本定理）　设函数 $f(x)$ 在 $[a,b]$ 上连续，则积分上限函数 $\Phi(x)$ 在 $[a,b]$ 上可导，且

$$\Phi'(x) = \left[\int_a^x f(t)\mathrm{d}t\right]' = f(x), x \in [a,b], \tag{5.2.2}$$

即连续函数的积分上限函数 $\int_a^x f(t)\mathrm{d}t$ 对上限 x 的导数等于被积函数 $f(x)$.

由这个定理得出一个重要结论:积分上限函数 $\Phi(x)$ 是连续函数 $f(x)$ 的一个原函数.

注 意

若上限是 x 的函数 $\varphi(x)$,那么函数 $\int_a^{\varphi(x)} f(t)\mathrm{d}t$ 可以看成是函数 $\Phi(u)=\int_a^u f(t)\mathrm{d}t$ 与 $u=\varphi(x)$ 的复合函数,此时 $\left[\int_a^{\varphi(x)} f(t)\mathrm{d}t\right]' = \left[\int_a^u f(t)\mathrm{d}t\right]_u' \cdot \varphi'(x) = f(\varphi(x)) \cdot \varphi'(x)$.

【例 1】 求 $\dfrac{\mathrm{d}}{\mathrm{d}x}\displaystyle\int_0^x \mathrm{e}^t \cos t \,\mathrm{d}t$.

解 $\dfrac{\mathrm{d}}{\mathrm{d}x}\displaystyle\int_0^x \mathrm{e}^t \cos t \,\mathrm{d}t = \mathrm{e}^x \cos x$.

【例 2】 求 $\dfrac{\mathrm{d}}{\mathrm{d}x}\displaystyle\int_x^0 \ln(1+t^3)\mathrm{d}t$.

解 把 $\displaystyle\int_x^0 \ln(1+t^3)\mathrm{d}t$ 化成标准的变上限函数的形式,才能用公式(5.2.2),所以

$$\frac{\mathrm{d}}{\mathrm{d}x}\int_x^0 \ln(1+t^3)\mathrm{d}t = \frac{\mathrm{d}}{\mathrm{d}x}\left[-\int_0^x \ln(1+t^3)\mathrm{d}t\right] = -\ln(1+x^3).$$

【例 3】 求 $\dfrac{\mathrm{d}}{\mathrm{d}x}\displaystyle\int_a^{x^2} \sin t^2 \,\mathrm{d}t$.

解 记 $\Phi(u)=\displaystyle\int_a^u \sin t^2 \,\mathrm{d}t$,则 $\displaystyle\int_a^{x^2} \sin t^2 \,\mathrm{d}t = \Phi(x^2)$. 根据复合函数求导法则,有

$$\frac{\mathrm{d}}{\mathrm{d}x}\int_a^{x^2} \sin t^2 \,\mathrm{d}t = \left[\frac{\mathrm{d}}{\mathrm{d}u}\int_a^u \sin t^2 \,\mathrm{d}t\right] \cdot \frac{\mathrm{d}u}{\mathrm{d}x} = (\sin u^2) \cdot 2x = 2x\sin x^4.$$

5.2.2　牛顿-莱布尼茨公式

定理 2(原函数存在定理) 如果 $f(x)$ 在区间 $[a,b]$ 上连续,则 $f(x)$ 在 $[a,b]$ 上的原函数一定存在,且其中的一个原函数为 $\Phi(x)=\displaystyle\int_a^x f(t)\mathrm{d}t$.

定理 3(牛顿-莱布尼茨公式) 设 $f(x)$ 在区间 $[a,b]$ 上连续,$F(x)$ 是 $f(x)$ 在 $[a,b]$ 上的一个原函数,则

$$\int_a^b f(x)\mathrm{d}x = F(x)\Big|_a^b = F(b)-F(a). \tag{5.2.3}$$

证明思路:由于 $\Phi(x)=\displaystyle\int_a^x f(t)\mathrm{d}t$ 与 $F(x)$ 都是 $f(x)$ 在 $[a,b]$ 上的原函数 $\Rightarrow F(x)-\Phi(x)=C \Rightarrow F(a)-\Phi(a)=C$,而 $\Phi(a)=0$,故 $F(a)=C \Rightarrow \Phi(x)=F(x)-F(a) \Rightarrow \Phi(b)=F(b)-F(a)$.

公式(5.2.3)称为牛顿-莱布尼茨(Newton-Leibniz)公式,简称 N-L 公式,它把求定积分问

题转化为求原函数问题,给出了一个不必求积分和的极限就能得到定积分的方法,揭示了定积分与不定积分的内在关系. 定理 3 也称为微积分基本定理,而 N-L 公式又可称为微积分基本公式.

【例 4】 求定积分:

$$(1) \int_0^2 x^3 \mathrm{d}x; \qquad\qquad (2) \int_{-1}^{\frac{\sqrt{2}}{2}} \frac{1}{\sqrt{1-x^2}} \mathrm{d}x.$$

解 (1) 因为 $\frac{1}{4} x^4$ 是 x^3 的一个原函数,由牛顿-莱布尼茨公式,

$$\int_0^2 x^3 \mathrm{d}x = \frac{x^4}{4} \Big|_0^2 = 4;$$

$$(2) \int_{-1}^{\frac{\sqrt{2}}{2}} \frac{1}{\sqrt{1-x^2}} \mathrm{d}x = \arcsin x \Big|_{-1}^{\frac{\sqrt{2}}{2}} = \arcsin \frac{\sqrt{2}}{2} - \arcsin(-1) = \frac{\pi}{4} - \left(-\frac{\pi}{2}\right) = \frac{3\pi}{4}.$$

【例 5】 求 $\int_0^\pi \cos^2 \frac{x}{2} \mathrm{d}x$.

解 $\int_0^\pi \cos^2 \frac{x}{2} \mathrm{d}x = \int_0^\pi \frac{1+\cos x}{2} \mathrm{d}x = \left(\frac{1}{2} x + \frac{1}{2} \sin x\right) \Big|_0^\pi = \frac{1}{2}\pi + \frac{1}{2} \sin \pi - 0 = \frac{\pi}{2}.$

【例 6】 求 $\int_{-1}^1 \frac{\mathrm{e}^x}{1+\mathrm{e}^x} \mathrm{d}x$.

解 $\int_{-1}^1 \frac{\mathrm{e}^x}{1+\mathrm{e}^x} \mathrm{d}x = \int_{-1}^1 \frac{\mathrm{d}(\mathrm{e}^x+1)}{1+\mathrm{e}^x} = \ln(1+\mathrm{e}^x) \Big|_{-1}^1 = \ln(1+\mathrm{e}) - \ln(1+\mathrm{e}^{-1}) = 1.$

【例 7】 求定积分:

$$(1) \int_0^3 |1-x| \mathrm{d}x; \qquad (2) \int_{-1}^1 f(x) \mathrm{d}x, \text{其中} f(x) = \begin{cases} 2+x & \text{当 } 0<x\leqslant 2 \\ 1 & \text{当 } x\leqslant 0 \end{cases}.$$

解 (1)因为 $|1-x| = \begin{cases} 1-x & \text{当 } 0\leqslant x\leqslant 1 \\ x-1 & \text{当 } 1\leqslant x\leqslant 3 \end{cases}$,所以

$$\int_0^3 |1-x| \mathrm{d}x = \int_0^1 (1-x) \mathrm{d}x + \int_1^3 (x-1) \mathrm{d}x$$

$$= \left(x - \frac{1}{2} x^2\right) \Big|_0^1 + \left(\frac{1}{2} x^2 - x\right) \Big|_1^3 = \frac{5}{2};$$

$$(2) \int_{-1}^1 f(x) \mathrm{d}x = \int_{-1}^0 f(x) \mathrm{d}x + \int_0^1 f(x) \mathrm{d}x = \int_{-1}^0 1 \cdot \mathrm{d}x + \int_0^1 (2+x) \mathrm{d}x$$

$$= x \Big|_{-1}^0 + \left(2x + \frac{1}{2} x^2\right) \Big|_0^1 = \frac{7}{2}.$$

【例 8】 设导线在时刻 t（单位:s）的电流为 $i(t) = 2t - 0.6t^2$,求在时间间隔 $[1,4]$（单位:s）内流过导线横截面的电量 $Q(t)$（单位:A）.

解 由电流与电量的关系 $\frac{\mathrm{d}Q}{\mathrm{d}t} = i$ 得,在 $[1,4]$ 秒内流过导线横截面的电量 Q 为

$$Q = \int_1^4 (2t - 0.6t^2)\,\mathrm{d}t = (t^2 - 0.2t^3) \Big|_1^4 = 2.4 \text{ (A)}.$$

习 题 5.2

1. 填空题：

(1) $\dfrac{\mathrm{d}}{\mathrm{d}x} \int_0^1 \sin x^2\,\mathrm{d}x =$ _____；$\dfrac{\mathrm{d}}{\mathrm{d}x} \int \sin x^2\,\mathrm{d}x =$ _____；

(2) $\dfrac{\mathrm{d}}{\mathrm{d}x} \int_0^x \cos t^2\,\mathrm{d}t =$ _____；$\dfrac{\mathrm{d}}{\mathrm{d}x} \int_x^0 \cos t^2\,\mathrm{d}t =$ _____．

(3) 已知 $f(x)$ 的一个原函数是 $F(x)$，则 $\int_a^b f(x)\,\mathrm{d}x =$ _____．

(4) $\int_{-2}^{-1} \dfrac{1}{x}\,\mathrm{d}x =$ _____；$\int_0^1 (2x+3)\,\mathrm{d}x =$ _____．

(5) $\int_{\frac{\sqrt{3}}{3}}^{\sqrt{3}} \dfrac{1}{1+x^2}\,\mathrm{d}x =$ _____ ；$\int_0^\pi \cos x\,\mathrm{d}x =$ _____．

2. 选择题：

(1) 下列等于 1 的积分是(　　)．

    A. $\int_0^1 x\,\mathrm{d}x$ B. $\int_0^1 (x+1)\,\mathrm{d}x$ C. $\int_0^1 1\,\mathrm{d}x$ D. $\int_0^1 \dfrac{1}{2}\,\mathrm{d}x$

(2) $\int_0^1 |x^2 - 4|\,\mathrm{d}x =$(　　)．

    A. $\dfrac{11}{3}$ B. $\dfrac{22}{3}$ C. $\dfrac{23}{3}$ D. $\dfrac{25}{3}$

(3) 曲线 $y = \cos x$，$x \in \left[0, \dfrac{3}{2}\pi\right]$ 与坐标轴围成的面积(　　)．

    A. 4   B. 2   C. $\dfrac{5}{2}$ D. 3

(4) $\int_0^1 (\mathrm{e}^x + \mathrm{e}^{-x})\,\mathrm{d}x =$(　　)．

    A. $\mathrm{e} + \dfrac{1}{\mathrm{e}}$ B. $2\mathrm{e}$ C. $\dfrac{2}{\mathrm{e}}$ D. $\mathrm{e} - \dfrac{1}{\mathrm{e}}$

(5) 定积分 $\int_0^1 (2x+k)\,\mathrm{d}x = 2$，则 k 的值是(　　)．

    A. 0   B. 1   C. -1 D. 2

3. 计算下列定积分：

(1) $\int_0^1 (x^2 + 2x - 1)\,\mathrm{d}x$；   (2) $\int_4^9 \sqrt{x} \cdot (\sqrt{x} - 1)\,\mathrm{d}x$；

(3) $\int_{-1}^0 \dfrac{3x^4 + 3x^2 + 1}{x^2 + 1}\,\mathrm{d}x$；   (4) $\int_{-\sqrt{3}}^{\sqrt{3}} \dfrac{1}{x^2 + 1}\,\mathrm{d}x$；

(5) $\int_1^2 \dfrac{x}{x^2+1}\mathrm{d}x$;

(6) $\int_{\frac{1}{e}}^{e} \dfrac{|\ln x|}{x}\mathrm{d}x$;

(7) $\int_0^{\frac{\pi}{2}} \sqrt{1+\cos 2x}\,\mathrm{d}x$;

(8) $\int_0^{\frac{\pi}{4}} \tan^3 x\,\mathrm{d}x$;

(9) $\int_{-1}^1 \dfrac{\mathrm{e}^x}{\mathrm{e}^x+1}\mathrm{d}x$;

(10) $\int_0^{\frac{1}{2}} \dfrac{x+1}{\sqrt{1-x^2}}\mathrm{d}x$.

4. 设 $f(x)=\begin{cases}\sqrt{x}, & 0\leqslant x\leqslant 1 \\ \mathrm{e}^x, & 1<x\leqslant 3\end{cases}$ ，求 $\int_0^3 f(x)\mathrm{d}x$.

5.3 定积分的积分法

5.3.1 定积分的换元积分法

【例 1】 计算 $\int_0^{\frac{\pi}{2}} \sin^2 x\cos x\,\mathrm{d}x$.

解 $\int \sin^2 x\cos x\,\mathrm{d}x = \int \sin^2 x\,\mathrm{d}\sin x \xlongequal{\text{令}\sin x=u} \int u^2\,\mathrm{d}u = \dfrac{1}{3}u^3+C \xlongequal{u=\sin x\ \text{回代}} \dfrac{1}{3}\sin^3 x+C.$

于是 $\qquad\qquad \int_0^{\frac{\pi}{2}} \sin^2 x\cos x\,\mathrm{d}x = \dfrac{1}{3}\sin^3 x\ \Big|_0^{\frac{\pi}{2}} = \dfrac{1}{3}(1-0) = \dfrac{1}{3}.$

这种做法是先求出原函数，再用牛顿-莱布尼茨公式算出结果，比较麻烦.对于被积函数需要换元来求原函数的，在定积分中用以下定理 1 计算则较方便.

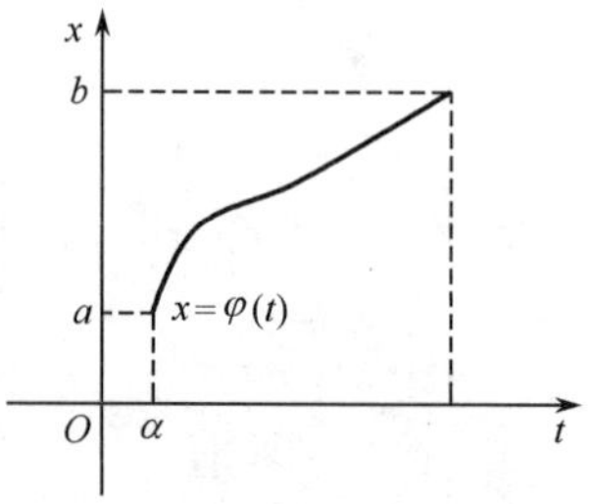

定理 1 设 $f(x)$ 在 $[a,b]$ 上连续，如果 $x=\varphi(t)$ 满足（见图 5.3.1）：

(1) $\varphi'(t)$ 在 $[\alpha,\beta]$ 上连续；

(2) 当 t 从 α 变化到 β 时，$x=\varphi(t)$ 单调地从 a 变化到 b；

(3) $\varphi(\alpha)=a$，$\varphi(\beta)=b$.

图 5.3.1

则 $\qquad\qquad \int_a^b f(x)\mathrm{d}x = \int_\alpha^\beta f(\varphi(t))\varphi'(t)\mathrm{d}t.$

 注 意

① 当 t 从 α 变化到 β 时，如果 $x=\varphi(t)$ 不是单调地从 a 变化到 b，则函数 $x=\varphi(t)$ 在 $[\alpha,\beta]$ 上没有反函数，此时不能用定理 1.

② 作变量代换 $x=\varphi(t)$ 求定积分时，必须要改变积分上、下限，简称为"换元变限，不换元限不变".

【例 2】　计算下列定积分：

(1) $\int_0^1 x\,\mathrm{e}^{x^2}\,\mathrm{d}x$；

(2) $\int_0^2 \dfrac{2x}{1+x^2}\,\mathrm{d}x$；

(3) $\int_0^{\frac{\pi}{2}} \sin^2 x\cos x\,\mathrm{d}x$；

(4) $\int_1^{\mathrm{e}} \dfrac{\ln x}{x}\,\mathrm{d}x$.

解　(1) $\int_0^1 x\,\mathrm{e}^{x^2}\,\mathrm{d}x = \dfrac{1}{2}\int_0^1 \mathrm{e}^{x^2}\,\mathrm{d}(x^2) \xrightarrow[u=0;x=1,u=1]{\ \diamondsuit\, u=x^2, x=0\ } \dfrac{1}{2}\int_0^1 \mathrm{e}^u\,\mathrm{d}u = \dfrac{1}{2}\mathrm{e}^u\Big|_0^1 = \dfrac{\mathrm{e}-1}{2}$.

(2) $\int_0^2 \dfrac{2x}{1+x^2}\,\mathrm{d}x = \int_0^2 \dfrac{\mathrm{d}(1+x^2)}{1+x^2} \xrightarrow[u=1;x=2,u=5]{\ \diamondsuit\, u=1+x^2, x=0,\ } \int_1^5 \dfrac{\mathrm{d}u}{u} = \ln u\Big|_1^5 = \ln 5$.

如果对不定积分的凑微分法很熟悉，那么未必非要换元 $u = 1+x^2$，可以直接写成

$$\int_0^2 \dfrac{2x}{1+x^2}\,\mathrm{d}x = \int_0^2 \dfrac{\mathrm{d}(1+x^2)}{1+x^2} = \ln(1+x^2)\Big|_0^2 = \ln 5.$$

因为没有换元，当然也不存在换积分限问题.

(3) $\int_0^{\frac{\pi}{2}} \sin^2 x\cos x\,\mathrm{d}x = \int_0^{\frac{\pi}{2}} \sin^2 x\,\mathrm{d}\sin x \xrightarrow[u=0;x=\frac{\pi}{2},u=1]{\ \diamondsuit\, u=\sin x, x=0,\ } \int_0^1 u^2\,\mathrm{d}u = \dfrac{1}{3}u^3\Big|_0^1 = \dfrac{1}{3}$.

如果对不定积分的凑微分法熟悉，可以省去换元和换积分上、下限过程，直接写成

$$\int_0^{\frac{\pi}{2}} \sin^2 x\cos x\,\mathrm{d}x = \int_0^{\frac{\pi}{2}} \sin^2 x\,\mathrm{d}\sin x = \dfrac{1}{3}\sin^3 x\Big|_0^{\frac{\pi}{2}} = \dfrac{1}{3}.$$

(4) $\int_1^{\mathrm{e}} \dfrac{\ln x}{x}\,\mathrm{d}x = \int_1^{\mathrm{e}} \ln x\,\mathrm{d}(\ln x) = \dfrac{1}{2}(\ln x)^2\Big|_1^{\mathrm{e}} = \dfrac{1}{2}$.

注　意

例 2 各题的共同点是均可以用两种方法求解定积分，其中

方法一：作变量代换，利用定理 1 求解；

方法二：用凑微分法直接求得原函数，再用牛顿–莱布尼茨公式求解.

【例 3】　计算下列定积分：

(1) $\int_1^9 \dfrac{1}{x+\sqrt{x}}\,\mathrm{d}x$；

(2) $\int_0^1 \sqrt{1-x^2}\,\mathrm{d}x$.

解　(1) 令 $t=\sqrt{x}$，即 $x=t^2$，$\mathrm{d}x = 2t\,\mathrm{d}t$；

当 $x=1, t=1, x=9, t=3$，即 x 从 $1\to9 \Leftrightarrow t$ 从 $1\to3$，应用定理 1 得

$$\int_1^9 \dfrac{1}{x+\sqrt{x}}\,\mathrm{d}x = \int_1^3 \dfrac{2t\,\mathrm{d}t}{t^2+t} = 2\int_1^3 \dfrac{\mathrm{d}t}{t+1} = 2\ln|t+1|\,\Big|_1^3 = 2\ln 2.$$

(2) 令 $x=\sin t$，$\mathrm{d}x = \cos t\,\mathrm{d}t$；

当 $x=0$，得 $t=0$，当 $x=1$，得 $t=\dfrac{\pi}{2}$，即 x 从 $0\to1 \Leftrightarrow t$ 从 $0\to\dfrac{\pi}{2}$，应用定理 1 得

$$\int_0^1 \sqrt{1-x^2}\,dx = \int_0^{\frac{\pi}{2}} \cos t \cdot \cos t\,dt = \frac{1}{2}\int_0^{\frac{\pi}{2}}(1+\cos 2t)\,dt = \frac{1}{2}\left(t+\frac{1}{2}\sin 2t\right)\Big|_0^{\frac{\pi}{2}} = \frac{1}{4}\pi.$$

⊙ 注 意

例 3 各题的共同点是作变量代换，其方法与求不定积分的变量代换的思想相同，第（1）题 $t=\sqrt{x}$ 是代数代换，第（2）题是 $x=\sin t, t\in\left(-\dfrac{\pi}{2},\dfrac{\pi}{2}\right)$ 三角代换；必须注意换元必换限．

【例 4】 设函数 $f(x)$ 在闭区间 $[-a,a]$ 连续，证明：

（1）当 $f(x)$ 为奇函数时，$\displaystyle\int_{-a}^a f(x)\,dx = 0$；

（2）当 $f(x)$ 为偶函数时，$\displaystyle\int_{-a}^a f(x)\,dx = 2\int_0^a f(x)\,dx$．

证明　$\displaystyle\int_{-a}^a f(x)\,dx = \int_{-a}^0 f(x)\,dx + \int_0^a f(x)\,dx$，在 $\displaystyle\int_{-a}^0 f(x)\,dx$ 中换元：令 $x=-t$，则 $dx = -dt$，于是

$$\int_{-a}^0 f(x)\,dx = \int_a^0 f(-t)\,d(-t) = \int_0^a f(-t)\,dt,$$

从而

$$\int_{-a}^a f(x)\,dx = \int_0^a f(-t)\,dt + \int_0^a f(x)\,dx = \int_0^a [f(-x)+f(x)]\,dx.$$

（1）当 $f(x)$ 为奇函数时（见图 5.3.2），有 $f(-x)+f(x)=0$，所以 $\displaystyle\int_{-a}^a f(x)\,dx = 0$；

（2）当 $f(x)$ 为偶函数时（见图 5.3.3），有 $f(-x)+f(x)=2f(x)$，所以 $\displaystyle\int_{-a}^a f(x)\,dx = 2\int_0^a f(x)\,dx$．

例 4 说明：连续奇函数在对称区间上的定积分为零；连续偶函数在对称区间上的定积分是一半区间上的定积分的两倍．在理论推导和计算中经常会用这个结论．

【例 5】 计算下列定积分：

（1）$\displaystyle\int_{-\sqrt{3}}^{\sqrt{3}} \frac{x^5\sin^2 x}{1+x^2+x^4}\,dx$；　　（2）$\displaystyle\int_{-1}^1 x^2\,|x|\,dx$．

解　（1）由于 $f(x) = \dfrac{x^5\sin^2 x}{1+x^2+x^4}$ 是 $[-\sqrt{3},\sqrt{3}]$ 上的奇函数，所以

$$\int_{-\sqrt{3}}^{\sqrt{3}} \frac{x^5\sin^2 x}{1+x^2+x^4}\,dx = 0.$$

（2）由于 $x^2|x|$ 是 $[-1,1]$ 上的偶函数，所以

$$\int_{-1}^1 x^2\,|x|\,dx = 2\int_0^1 x^3\,dx = 2\cdot\frac{1}{4}x^4\Big|_0^1 = \frac{1}{2}.$$

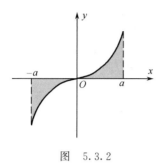

图 5.3.2

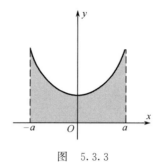

图 5.3.3

5.3.2 定积分的分部积分法

【例 6】 计算 $\displaystyle\int_0^\pi x\cos x\,\mathrm{d}x$.

解 先用分部积分法求 $x\cos x$ 的原函数

$$\int x\cos x\,\mathrm{d}x = \int x\,\mathrm{d}(\sin x) = x\sin x - \int \sin x\,\mathrm{d}x = x\sin x + \cos x + C,$$

则

$$\int_0^\pi x\cos x\,\mathrm{d}x = \left[x\sin x + \cos x\right]\Big|_0^\pi = -1 - 1 = -2.$$

效果与下面方式相同

$$\int_0^\pi x\cos x\,\mathrm{d}x = \left[x\sin x\right]\Big|_0^\pi - \int_0^\pi \sin x\,\mathrm{d}x = 0 + \cos x\Big|_0^\pi = -2,$$

定理 2(定积分的分部积分公式) 设 $u'(x), v'(x)$ 在区间 $[a, b]$ 上连续,则

$$\int_a^b u(x)v'(x)\,\mathrm{d}x = \left[u(x)v(x)\right]_a^b - \int_a^b v(x)u'(x)\,\mathrm{d}x,$$

或简写为

$$\int_a^b u\,\mathrm{d}v = \left[uv\right]_a^b - \int_a^b v\,\mathrm{d}u.$$

【例 7】 求定积分:

(1) $\displaystyle\int_1^\mathrm{e} x^2\ln x\,\mathrm{d}x$; (2) $\displaystyle\int_0^{\frac{\pi}{2}} x\sin x\,\mathrm{d}x$; (3) $\displaystyle\int_0^\pi \mathrm{e}^x\cos x\,\mathrm{d}x$.

解 (1) $\displaystyle\int_1^\mathrm{e} x^2\ln x\,\mathrm{d}x = \int_1^\mathrm{e} \ln x\,\mathrm{d}\left(\frac{1}{3}x^3\right) = \frac{x^3}{3}\ln x\Big|_1^\mathrm{e} - \int_1^\mathrm{e} \frac{x^3}{3}\,\mathrm{d}\ln x$

$$= \frac{\mathrm{e}^3}{3} - \int_1^\mathrm{e} \frac{x^3}{3}\cdot\frac{1}{x}\,\mathrm{d}x = \frac{\mathrm{e}^3}{3} - \frac{x^3}{9}\Big|_1^\mathrm{e} = \frac{2\mathrm{e}^3+1}{9};$$

(2) $\displaystyle\int_0^{\frac{\pi}{2}} x\sin x\,\mathrm{d}x = -\int_0^{\frac{\pi}{2}} x\,\mathrm{d}(\cos x) = -x\cos x\Big|_0^{\frac{\pi}{2}} + 1\int_0^{\frac{\pi}{2}} \cos x\,\mathrm{d}x$

$$= 0 + 1\sin x\Big|_0^{\frac{\pi}{2}} = 1;$$

(3) $\int_0^\pi e^x \cos x \, dx = \int_0^\pi \cos x \, d(e^x) = e^x \cos x \Big|_0^\pi - \int_0^\pi e^x \, d(\cos x)$

$$= (-e^\pi - 1) + \int_0^\pi \sin x \, d(e^x) = (-e^\pi - 1) + e^x \sin x \Big|_0^\pi - \int_0^\pi e^x \, d(\sin x)$$

$$= (-e^\pi - 1) - \int_0^\pi e^x \cos x \, dx.$$

移项得

$$2\int_0^\pi e^x \cos x \, dx = (-e^\pi - 1),$$

所以

$$\int_0^\pi e^x \cos x \, dx = \frac{1}{2}(-e^\pi - 1).$$

思考：计算不定积分、定积分的方法有何异同．

习　题　5.3

1. 填空题：

(1) 在定积分 $\int_{\frac{\pi}{3}}^{\pi} \sin\left(x + \frac{\pi}{3}\right) dx$ 中，令 $x + \frac{\pi}{3} = u$，则 u 的积分上限是 _____，积分下限是 _____；

(2) 在定积分 $\int_0^{\frac{\pi}{2}} \sin x \cdot \cos^3 x \, dx$ 中，令 $u = $ _____，则 u 的积分上限是 _____，积分下限是 _____；

(3) 在定积分 $\int_{-2}^{1} \frac{1}{1 + 3x} dx$ 中，令 $u = $ _____，则 u 的积分上限是 _____，积分下限是 _____；

(4) 在定积分 $\int_4^9 \frac{\sqrt{x}}{\sqrt{x} - 1} dx$ 中，令 $u = $ _____，则 u 的积分上限是 _____，积分下限是 _____．

2. 求下列定积分：

(1) $\int_0^1 (2 + 3x)^3 \, dx$；

(2) $\int_0^e \frac{1}{3x + 2} dx$；

(3) $\int_{-1}^1 2x \cdot e^{x^2} \, dx$；

(4) $\int_1^4 \frac{\sin \sqrt{x}}{\sqrt{x}} dx$；

(5) $\int_0^{\frac{\pi}{4}} \tan x \, dx$；

(6) $\int_{-2}^0 \frac{dx}{x^2 + 2x + 2}$；

(7) $\int_0^1 \frac{dx}{\sqrt{4 - x^2}}$；

(8) $\int_1^4 \frac{1}{1 + \sqrt{x}} dx$；

(9) $\int_0^4 \dfrac{x+2}{\sqrt{2x+1}} \mathrm{d}x$；

(10) $\int_0^{\ln 2} \mathrm{e}^x(1+\mathrm{e}^x)\mathrm{d}x$．

3．求下列定积分：

(1) $\int_0^1 x \cdot \mathrm{e}^{-x} \mathrm{d}x$；

(2) $\int_0^1 x \cdot \arctan x \, \mathrm{d}x$；

(3) $\int_0^{\mathrm{e}-1} \ln(1+x) \mathrm{d}x$；

(4) $\int_0^{2\pi} \mathrm{e}^{2x} \cos x \, \mathrm{d}x$；

(5) $\int_1^{\mathrm{e}} \dfrac{\ln x}{x^3} \mathrm{d}x$；

(6) $\int_0^2 \mathrm{e}^{\sqrt{x}} \mathrm{d}x$．

4．利用函数的奇偶性求下列定积分：

(1) $\int_{-1}^1 \dfrac{x^2 \sin x}{(x^4+3x^2-5)^2} \mathrm{d}x$；

(2) $\int_{-\pi}^{\pi} x^4 \sin x \, \mathrm{d}x$；

(3) $\int_{-\frac{1}{2}}^{\frac{1}{2}} \ln \dfrac{1-x}{1+x} \mathrm{d}x$；

(4) $\int_{-1}^1 \mathrm{e}^{|x|} \mathrm{d}x$．

5.4　广　义　积　分

定积分的 $\int_a^b f(x)\mathrm{d}x$ 的值只与被积函数 $f(x)$ 及积分区间 $[a,b]$ 两个因素有关．如果积分区间不是有限区间 $[a,b]$（比如 $\int_1^{+\infty} \dfrac{1}{x^2}\mathrm{d}x$ 的积分区间是无穷区间 $[1,+\infty)$），但被积函数 $\dfrac{1}{x^2}$ 在无穷积分区间 $[1,+\infty)$ 上连续）；或者虽然积分区间是有限区间 $[a,b]$，但被积函数 $f(x)$ 在积分区间 $[a,b]$ 上存在有无穷型间断点（即函数在该点趋于无穷大，比如在 $\int_{-1}^1 \dfrac{1}{x}\mathrm{d}x$ 中，$x=0$ 是 $f(x)=\dfrac{1}{x}$ 的无穷型间断点）．那么这两种积分就已经不是普通意义上的定积分了．因此，我们对定积分作如下推广，从而形成"广义积分"的概念．

5.4.1　无穷区间上的广义积分

【例 1】　如图 5.4.1 所示，由曲边 $y=\dfrac{1}{x^2}$ 及直线 $x=\dfrac{1}{2}$ 和 x 轴所围成的图形称为开口曲边梯形．请问此"面积"存在吗？

解　怎样判断开口曲边梯形的"面积 S"是否存在？因为积分区间是 $\left[\dfrac{1}{2},+\infty\right)$，它不能直接依照定积分求解．我们可以分两步做：

(1) 在 $\left[\dfrac{1}{2},+\infty\right)$ 上任取一点 $b\left(b>\dfrac{1}{2}\right)$，先求由 $y=\dfrac{1}{x^2}$，$x=\dfrac{1}{2}$，$x=b$ 及 x 轴所围成的曲边梯

形的面积 $S(b) = \int_{\frac{1}{2}}^{b} \frac{1}{x^2} \mathrm{d}x = 2 - \frac{1}{b}$.

(2) 由于 $b \to +\infty$ 时, $S(b) \to S$, 所以开口曲边梯形的"面积" S 可以通过 $\lim\limits_{b \to +\infty} S(b)$ 来判断是否存在. 即 $S = \lim\limits_{b \to +\infty} S(b) =$ $\lim\limits_{b \to +\infty} \int_{\frac{1}{2}}^{b} \frac{1}{x^2} \mathrm{d}x = \lim\limits_{b \to +\infty} \left(2 - \frac{1}{b} \right) = 2$.

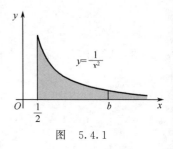

图 5.4.1

1. 函数 $f(x)$ 在 $[a, +\infty)$ 上的无穷积分

定义 1 设函数 $f(x)$ 在 $[a, +\infty)$ 内连续, 若极限 $\lim\limits_{b \to +\infty} \int_{a}^{b} f(x) \mathrm{d}x$ 存在, 则称此极限值为函数 $f(x)$ 在 $[a, +\infty)$ 上的**广义积分**(简称 $[a, +\infty)$ 上的**无穷积分**), 记作 $\int_{a}^{+\infty} f(x) \mathrm{d}x$, 即

$$\int_{a}^{+\infty} f(x) \mathrm{d}x = \lim\limits_{b \to +\infty} \int_{a}^{b} f(x) \mathrm{d}x.$$

此时也称无穷积分 $\int_{a}^{+\infty} f(x) \mathrm{d}x$ 收敛; 若极限不存在, 则称无穷积分 $\int_{a}^{+\infty} f(x) \mathrm{d}x$ 为发散.

例 1 的问题可以用无穷积分表示为 $S = \int_{\frac{1}{2}}^{+\infty} \frac{1}{x^2} \mathrm{d}x$, 而且这个无穷积分是收敛的.

类似地, 可以定义函数 $f(x)$ 在区间 $(-\infty, b]$, $(-\infty, +\infty)$ 上的无穷积分.

2. 函数 $f(x)$ 在 $(-\infty, b]$ 上的无穷积分

定义 2 设函数 $f(x)$ 在 $(-\infty, b]$ 上连续, 对任意 $a < b$, 若极限 $\lim\limits_{a \to -\infty} \int_{a}^{b} f(x) \mathrm{d}x$ 存在, 则称此极限值为函数 $f(x)$ 在 $(-\infty, b]$ 上的**广义积分**(简称 $(-\infty, b]$ 上的**无穷积分**), 记作 $\int_{-\infty}^{b} f(x) \mathrm{d}x$, 即

$$\int_{-\infty}^{b} f(x) \mathrm{d}x = \lim\limits_{a \to -\infty} \int_{a}^{b} f(x) \mathrm{d}x.$$

此时也称无穷积分 $\int_{-\infty}^{b} f(x) \mathrm{d}x$ 收敛; 若极限不存在, 则称无穷积分 $\int_{-\infty}^{b} f(x) \mathrm{d}x$ 为发散.

3. 函数 $f(x)$ 在 $(-\infty, +\infty)$ 上的无穷积分

定义 3 设函数 $f(x)$ 在区间 $(-\infty, +\infty)$ 上连续, 对任意的实数 c, 如果两个无穷积分

$$\int_{-\infty}^{c} f(x) \mathrm{d}x \ 与 \int_{c}^{+\infty} f(x) \mathrm{d}x$$

都收敛, 则称这两个无穷积分之和为 $f(x)$ 在 $(-\infty, +\infty)$ 的**无穷积分**.

4. 简单表达方式

设 $F(x)$ 是 $f(x)$ 的原函数, 记 $F(+\infty)$ 为 $\lim\limits_{x \to +\infty} F(x)$; $F(-\infty)$ 为 $\lim\limits_{x \to -\infty} F(x)$, 则有

$$\int_{a}^{+\infty} f(x) \mathrm{d}x = F(x) \Big|_{a}^{+\infty} = F(+\infty) - F(a) = \lim\limits_{x \to +\infty} F(x) - F(a);$$

$$\int_{-\infty}^{b} f(x)\mathrm{d}x = F(x)\Big|_{-\infty}^{b} = F(b) - F(-\infty) = F(b) - \lim_{x \to -\infty} F(x);$$

$$\int_{-\infty}^{+\infty} f(x)\mathrm{d}x = F(x)\Big|_{-\infty}^{+\infty} = F(+\infty) - F(-\infty) = \lim_{x \to +\infty} F(x) - \lim_{x \to -\infty} F(x).$$

对无穷积分首先要判定它的敛散性,然后才能求其值.但若能求出被积函数的一个原函数,则可以通过极限,同时解决敛散问题和求值问题.

【例 2】 计算无穷积分:

$(1) \int_{0}^{+\infty} \mathrm{e}^{-2x}\mathrm{d}x$; $(2) \int_{-\infty}^{-1} \frac{1}{x^5}\mathrm{d}x$; $(3) \int_{-\infty}^{+\infty} \frac{1}{1+x^2}\mathrm{d}x$.

解 $(1) \int_{0}^{+\infty} \mathrm{e}^{-2x}\mathrm{d}x = -\frac{1}{2}\int_{0}^{+\infty} \mathrm{e}^{-2x}\mathrm{d}(-2x) = -\frac{1}{2}\mathrm{e}^{-2x}\Big|_{0}^{+\infty} = -\frac{1}{2}\lim_{x \to +\infty}(\mathrm{e}^{-2x} - 1) = \frac{1}{2}$;

$(2) \int_{-\infty}^{-1} \frac{1}{x^5}\mathrm{d}x = -\frac{1}{4x^4}\Big|_{-\infty}^{-1} = -\frac{1}{4} + \lim_{x \to -\infty} \frac{1}{4x^4} = -\frac{1}{4}$;

$(3) \int_{-\infty}^{+\infty} \frac{1}{1+x^2}\mathrm{d}x = \arctan x\Big|_{-\infty}^{+\infty} = \lim_{x \to +\infty} \arctan x - \lim_{x \to -\infty} \arctan x$

$$= \frac{\pi}{2} + \frac{\pi}{2} = \pi.$$

思考: (1) 在例 2(3) 中,我们取 0 来分割 $\int_{-\infty}^{+\infty} \frac{1}{1+x^2}\mathrm{d}x$ 为两个积分.问:取任意 $a \in (-\infty, +\infty)$ 分割,会改变结果吗?

(2) 如果积分区间 $[a,b]$ 有限,但被积函数 $f(x)$ 在积分区间 $[a,b]$ 上有无穷型的间断点,如在积分 $\int_{0}^{2} \frac{1}{\sqrt{x}}\mathrm{d}x$ 中,被积函数 $\frac{1}{\sqrt{x}}$ 在 $x = 0$ 间断($x = 0$ 点是 $\frac{1}{\sqrt{x}}$ 的无穷型的间断点),这还是定积分吗?能否用解决无穷积分的思想解决这类积分?

5.4.2 无界函数的广义积分

【例 3】 如图 5.4.2 所示,讨论由 $y = \frac{1}{\sqrt{x}}$,$x = 2$,x 轴、y 轴所围开口曲边梯形的面积 S 是否存在.

解 现在要求由 $x = 2$,$y = \frac{1}{\sqrt{x}}$,x 轴和 y 轴所"界定"的区域的"面积"为 S,由于函数 $y = \frac{1}{\sqrt{x}}$ 在 $x = 0$ 处无定义,且在 $(0,2]$ 上无界,与例 1 类似,不能直接依照定积分求解.可以按照例 1 的思想同理分析,分两步做:

(1) 在 $(0,2]$ 区间上任取一点 $\varepsilon(0 < \varepsilon < 2)$,则 $y = \frac{1}{\sqrt{x}}$ 在 $[\varepsilon, 2]$ 的定积分为

$$S(\varepsilon) = \int_{\varepsilon}^{2} \frac{1}{\sqrt{x}} dx = (2\sqrt{x})\Big|_{\varepsilon}^{2} = 2(\sqrt{2} - \sqrt{\varepsilon}).$$

（2）当 $\varepsilon \to 0^+$ 时，$S(\varepsilon) \to S$，所以开口曲边梯形的"面积"S 可以通过 $\lim\limits_{\varepsilon \to +0} S(\varepsilon)$ 来判断是否存在，即

$$S = \lim_{\varepsilon \to 0^+} S(\varepsilon) = \lim_{\varepsilon \to 0^+} \int_{\varepsilon}^{2} \frac{1}{x^2} dx = \lim_{\varepsilon \to 0^+} 2(\sqrt{2} - \sqrt{\varepsilon}) = 2\sqrt{2}.$$

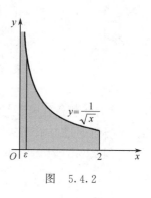

图　5.4.2

定义 4　设函数 $f(x)$ 在 $(a, b]$ 上连续，$\lim\limits_{x \to a^+} f(x) = \infty$，对任意 $\varepsilon > 0$，若极限 $\lim\limits_{\varepsilon \to 0^+} \int_{a+\varepsilon}^{b} f(x) dx$ 存在，则称此极限值为无界函数 $f(x)$ 在 $(a, b]$ 上的**广义积分**，即

$$\int_{a}^{b} f(x) dx = \lim_{\varepsilon \to 0^+} \int_{a+\varepsilon}^{b} f(x) dx.$$

这时也称广义积分 $\int_{a}^{b} f(x) dx$ 收敛，如果上述极限不存在，称广义积分 $\int_{a}^{b} f(x) dx$ 发散．无界函数的广义积分 $\int_{a}^{b} f(x) dx$ 也称为**瑕积分**，使 $f(x)$ 的极限为无穷的那个点 a 称为**瑕点**．瑕点也可以是区间的右端点 b 或 (a, b) 中的一点．可以类似于定义 4 来定义瑕积分：

$$\int_{a}^{b} f(x) dx = \lim_{\varepsilon \to 0^+} \int_{a}^{b-\varepsilon} f(x) dx \quad (b \text{ 为唯一瑕点，极限号下的积分存在}),$$

$$\int_{a}^{b} f(x) dx = \int_{a}^{b} f(x) dx = \int_{a}^{c} f(x) dx + \int_{c}^{b} f(x) dx = \lim_{\varepsilon_1 \to 0^+} \int_{a}^{c-\varepsilon_1} f(x) dx + \lim_{\varepsilon_2 \to 0^+} \int_{c+\varepsilon_2}^{b} f(x) dx,$$

（$c \in (a, b)$ 为唯一瑕点，两个极限号下的积分都存在）．

$$\lim_{\varepsilon_1 \to 0^+} \int_{a}^{c-\varepsilon_1} f(x) dx + \lim_{\varepsilon_2 \to 0^+} \int_{c+\varepsilon_2}^{b} f(x) dx, (c \in (a, b) \text{ 为唯一瑕点，两个极限号下的积分都存在}).$$

可见，瑕积分与无穷积分的解决方法是一致的，即求出原函数后取极限．

【例 4】　求无界函数广义积分（瑕积分）$\int_{0}^{1} \frac{x dx}{\sqrt{1-x^2}}$.

解　这是一个以 $x = 1$ 为瑕点的瑕积分．

原式 $= -\dfrac{1}{2} \displaystyle\int_{0}^{1} \dfrac{d(1-x^2)}{\sqrt{1-x^2}} \xrightarrow{(x=1 \text{ 是瑕点})} -\sqrt{1-x}\Big|_{0}^{1} = -\lim_{x \to 1^-} \sqrt{1-x^2} + 1 = 1.$

 注　意

对于瑕积分，不能直接代入瑕点计算，必须通过取极限方式来判断瑕积分是否收敛．

习　题　5.4

1. 填空题：

（1）积分 $\displaystyle\int_{0}^{1} \frac{\ln x}{x-1} dx$ 的瑕点是 _____；

(2) $\int_1^{+\infty} \dfrac{\mathrm{d}x}{x^p}$ 当 _____ 时收敛；当 _____ 时发散；

(3) 广义积分 $\int_0^1 \dfrac{\mathrm{d}x}{x^q}$ 当 _____ 时收敛；当 _____ 时发散；

(4) $\int_{-\infty}^{+\infty} \dfrac{x}{\sqrt{1+x^2}}\mathrm{d}x =$ ____.

2. 选择题：

(1) 下列广义积分中发散的是(   ).

    A. $\int_1^{+\infty} \dfrac{\mathrm{d}x}{x\sqrt{x}}$ B. $\int_1^{+\infty} \dfrac{1}{1+x^2}\mathrm{d}x$ C. $\int_1^{+\infty} \dfrac{1}{x}\mathrm{d}x$ D. $\int_1^{+\infty} \mathrm{e}^{-x}\mathrm{d}x$

(2) 下列广义积分中收敛的是(   ).

    A. $\int_1^{+\infty} \dfrac{\mathrm{d}x}{x\sqrt{x}}$ B. $\int_1^{+\infty} \dfrac{x\,\mathrm{d}x}{1+x^2}$ C. $\int_1^{+\infty} \dfrac{1}{x}\mathrm{d}x$ D. $\int_1^{+\infty} x\,\mathrm{e}^{x^2}\mathrm{d}x$

(3) 已知广义积分 $\int_0^{+\infty} \dfrac{\mathrm{d}x}{1+kx^2}$ 收敛于 1，则 k 的值(   ).

    A. $\dfrac{\sqrt{\pi}}{2}$ B. $\dfrac{\pi^2}{2}$ C. $\dfrac{\pi}{2}$ D. $\dfrac{\pi^2}{4}$

3. 下列广义积分是收敛还是发散的？若是收敛的，计算收敛于何值？

(1) $\int_1^{+\infty} \dfrac{1}{\sqrt{x}}\mathrm{d}x$ ；   (2) $\int_{-\infty}^0 \cos x\,\mathrm{d}x$ ；   (3) $\int_{-\infty}^{+\infty} \dfrac{1}{x^2+2x+2}\mathrm{d}x$ ；

(4) $\int_0^{+\infty} \mathrm{e}^{-3x}\mathrm{d}x$ ；   (5) $\int_0^1 \dfrac{x}{\sqrt{1-x^2}}\mathrm{d}x$ ；   (6) $\int_0^1 \dfrac{\arcsin x}{\sqrt{1-x^2}}\mathrm{d}x$.

4. 求曲线 $y=\dfrac{1}{x^2}(x>0)$、x 轴及直线 $x=1$ 所围成的开口曲边梯形的面积.

5.5 定积分的简单应用

5.5.1 微元法

在引入定积分的概念时，曾经讨论了求曲边梯形面积和变速直线运动的路程等实际问题，采用的是"微分求和"的方法，即(1)将区间 $[a,b]$ 任意分成 n 个小区间，相应地，将所求的量 A 分割成 n 份很小的部分量 ΔA；(2)在 $[a,b]$ 上任取一小区间 $[x,x+\mathrm{d}x]$，以 $\mathrm{d}A=f(x)\mathrm{d}x$ 近似代替 ΔA，(3)当分割无限细，$\sum f(x)\mathrm{d}x$ 的极限就是所求的量 A，即定积分.实质上，所谓定积分 $A=\int_a^b f(x)\mathrm{d}x$ 就是由被积表达式 $f(x)\mathrm{d}x$ 从 a 到 b 的累积之和.我们把 $\mathrm{d}A=f(x)\mathrm{d}x$ 称为所求量 A 的**微元**.在定积分应用问题中，先求出量 A 的微元 $\mathrm{d}A=f(x)\mathrm{d}x$，再求定积分

$\int_a^b \mathrm{d}A$，即求量 A，这种方法称为**微元法**.

　　在用微元法求解实际问题时，思想方法是一样的，差别只是被积函数、积分区间不同.因此要根据所给实际问题的条件，正确地确定被积函数和积分区间.

5.5.2　定积分在几何学中的应用

1. 直角坐标系下平面图形的面积

（1）X-型与 Y-型平面图形的面积

　　如图 5.5.1 所示，把由直线 $x=a$，$x=b(a<b)$ 及两条连续曲线 $y=f_1(x)$，$y=f_2(x)$，$(f_1(x)\leqslant f_2(x))$ 所围成的平面图形称为 X-型图形；如图 5.5.2 所示，把由直线 $y=c$，$y=d$ （$c<d$，此处直线 $y=d$ 缩为一点）及两条连续曲线 $x=g_1(y)$，$x=g_2(y)$ （$g_1(y)\leqslant g_2(y)$）所围成的平面图形称为 Y-型图形.

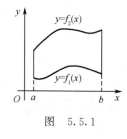 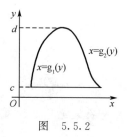

图　5.5.1　　　　　　　　　　　图　5.5.2

注　意

构成图形的两条直线，有时也可能退化为点.

　　① 用微元法分析 X-型平面图形的面积：

　　取横坐标 x 为积分变量，$x\in[a,b]$，在区间 $[a,b]$ 上任取一微段 $[x,x+\mathrm{d}x]$，该微段上的图形的面积 $\mathrm{d}A$ 可以用高为 $f_2(x)-f_1(x)$，底为 $\mathrm{d}x$ 的矩形的面积近似代替.因此微元 $\mathrm{d}A=[f_2(x)-f_1(x)]\mathrm{d}x$，从而

$$A=\int_a^b[f_2(x)-f_1(x)]\mathrm{d}x.\qquad(5.5.1)$$

　　② 同理，用微元法分析 Y-型平面图形的面积，得

$$A=\int_c^d[g_2(y)-g_1(y)]\mathrm{d}y.\qquad(5.5.2)$$

　　（2）对于非 X-型或非 Y-型平面图形，可以进行适当的分割，划分成若干 X-型图形和 Y-型图形，然后利用前面介绍的方法去判断，求解面积.

　　【例1】　求由两条抛物线 $y^2=x$，$y=x^3$ 所围成图形的面积 A.

　　解　所围图形如图 5.5.3 所示.解方程组 $\begin{cases} y^2=x \\ y=x^3 \end{cases}$，得交点 $(0,0)$，$(1,1)$.

该平面图形既是 X-型平面图形，又是 Y-型平面图形.

将该平面图形视为 X-型图形,现选取积分变量为 x,积分区间为 $[0,1]$.

由公式(5.5.1),所求图形的面积为

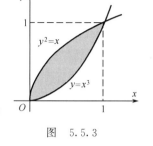

图　5.5.3

$$A = \int_0^1 (\sqrt{x} - x^3)\mathrm{d}x = \left[\frac{2}{3}x^{\frac{3}{2}} - \frac{1}{4}x^4\right]\Big|_0^1 = \frac{5}{12}.$$

思考:如果将该平面图形视为 Y-型图形,请计算面积 A.

【例 2】 求由曲线 $y^2 = 2x$ 与直线 $y = x - 4$ 所围成的平面图形的面积.

解　所围图形如图 5.5.4 所示. 解方程组

$$\begin{cases} y^2 = 2x \\ y = x - 4 \end{cases},$$

得两条曲线的交点坐标为 $(2,-2)$,$(8,4)$,由于平面图形为 Y-型图形,现选取 y 为积分变量,积分区间为 $[-2,4]$.根据公式(5.5.2),所求的面积为

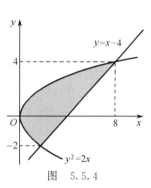

图　5.5.4

$$S = \int_{-2}^4 \left(y + 4 - \frac{1}{2}y^2\right)\mathrm{d}y = \left[\frac{1}{2}y^2 + 4y - \frac{1}{6}y^3\right]_{-2}^4 = 18.$$

【例 3】 求曲线 $y = \cos x$ 与 $y = \sin x$ 在区间 $[0,\pi]$ 上所围平面图形的面积.

解　所围图形如图 5.5.5 所示. 解方程组

$$\begin{cases} y = \sin x \\ y = \cos x, \\ 0 \leqslant x \leqslant \pi \end{cases}$$

得曲线 $y = \cos x$ 与 $y = \sin x$ 的交点坐标为 $\left(\frac{\pi}{4}, \frac{\sqrt{2}}{2}\right)$,由于平面图形视为 X-型图形,现选取 x 作为积分变量,$x \in [0, \pi]$,于是,所求面积

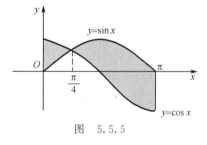

图　5.5.5

$$A = \int_0^{\frac{\pi}{4}} (\cos x - \sin x)\mathrm{d}x + \int_{\frac{\pi}{4}}^{\pi} (\sin x - \cos x)\mathrm{d}x$$

$$= (\sin x + \cos x)\Big|_0^{\frac{\pi}{4}} + (-\cos x - \sin x)\Big|_{\frac{\pi}{4}}^{\pi} = 2\sqrt{2}.$$

2. 旋转体的体积

旋转体就是由一个平面图形绕这平面内的一条直线 l 旋转一周而成的空间立体,其中直线 l 称为该旋转体的**旋转轴**.

以下主要考虑以 x 轴和 y 轴为旋转轴的旋转体.

求由连续曲线 $y = f(x)$,直线 $x = a$,$x = b(a < b)$ 及 x 轴围成的曲边梯形绕 x 轴旋转一周得到旋转体的体积.如图 5.5.6 所示,旋转体体积记作 V_x.

① 选取 x 为积分变量,积分区间为$[a,b]$;

② 在$[a,b]$内任取一个小区间$[x,x+dx]$,与之对应的部分立体的体积近似等于底面半径为$|f(x)|$、高为 dx 的圆柱的体积,于是微元为 $dV=\pi[f(x)]^2dx$;

③ 旋转体体积为

$$V_x=\pi\int_a^b[f(x)]^2dx. \tag{5.5.3}$$

类似地,由连续曲线 $x=g(y)$,直线 $y=c,y=d(c<d)$ 及 y 轴围成的曲边梯形绕 y 轴旋转一周得到旋转体的体积(见图 5.5.7)为

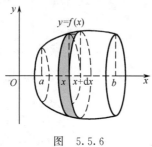

图 5.5.6

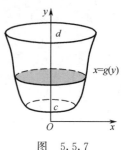

图 5.5.7

$$V_y=\pi\int_c^d[g(y)]^2dy. \tag{5.5.4}$$

【例 4】 计算椭圆$\dfrac{x^2}{9}+\dfrac{y^2}{4}=1$ 绕 x 轴及 y 轴旋转而成的椭球体的体积 V_x,V_y.

解 (1) 如图 5.5.8 所示,椭圆$\dfrac{x^2}{9}+\dfrac{y^2}{4}=1$ 绕 x 轴旋转而成的椭球体可以看作由上半椭圆 $y=\dfrac{2}{3}\sqrt{3^2-x^2}$ 及 x 轴围成的曲边梯形绕 x 轴旋转而成,所以,由公式(5.5.3)得

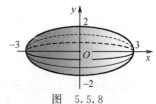

图 5.5.8

$$V_x=\pi\int_{-3}^3\left(\frac{2}{3}\sqrt{3^2-x^2}\right)^2dx=\frac{8\pi}{9}\int_0^3(3^2-x^2)dx$$

$$=\frac{8\pi}{9}\left[9x-\frac{x^3}{3}\right]\Big|_0^3=16\pi.$$

(2) 如图 5.5.9 所示,椭圆$\dfrac{x^2}{9}+\dfrac{y^2}{4}=1$ 绕 y 轴旋转所得的椭球体可以看作由右半椭圆 $x=\dfrac{3}{2}\sqrt{2^2-y^2}$ 及 y 轴围成的曲边梯形绕 y 轴旋转而成,所以,由公式(5.5.4)得

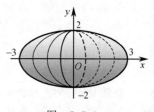

图 5.5.9

$$V_y=\pi\int_{-2}^2\left(\frac{3}{2}\sqrt{2^2-y^2}\right)^2dy=\frac{18\pi}{4}\int_0^2(2^2-y^2)dy$$

$$=\frac{18\pi}{4}\left[4y-\frac{y^3}{3}\right]_0^2=24\pi.$$

5.5.3 定积分在物理学中的应用

1. 变力作功

物体在一个常力 F 的作用下,沿力的方向作直线运动,则当物体移动距离 s 时,F 所作的功 $W = F \cdot s$.

如图 5.5.10 所示,物体在变力 F(设力 F 的方向不变,但其大小随着位移而连续变化)作用下,沿平行于力 F 的作用方向作直线运动.取物体运动路径为 x 轴,现物体从点 $x = a$,移动到点 $x = b$,求变力 F 所作的功 W.

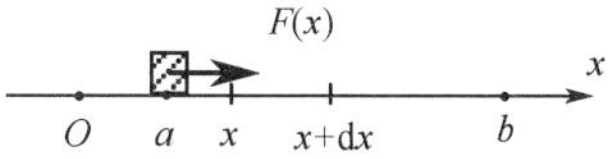

图 5.5.10

在区间 $[a,b]$ 上任取一微段 $[x, x+\mathrm{d}x]$,力 F 在此微段上作功,微元为 $\mathrm{d}W$.由于 $F(x)$ 的连续性,物体移动这一微段时,力 $F(x)$ 的变化很小,它可以近似地看成不变,那么在微段 $\mathrm{d}x$ 上就可以使用常力作功的公式.于是,功的微元为 $\mathrm{d}W = F(x)\mathrm{d}x$.变力 F 所作的功 W 是功微元 $\mathrm{d}W$ 在 $[a,b]$ 上的累积,据微元法

$$W = \int_a^b \mathrm{d}W = \int_a^b F(x)\mathrm{d}x. \tag{5.5.5}$$

【例 5】 今有一弹簧,如图 5.5.11 所示,在弹性限度内,每拉长 1 cm 需要用 2 N 的力,试求将此弹簧由平衡位置拉长 50 cm 时,弹性力所要作的功.

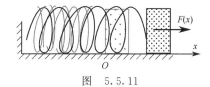

图 5.5.11

解 由胡克定律知弹簧在拉伸过程中,需要的力 F 与伸长量 S 成正比,即 $F = kS$(k 为弹簧的劲度系数,它表示使弹簧产生单位长度变形所需要的力,其 SI 单位是 N/m).

已知 $F_0 = 2$,$S_0 = 1$,代入 $F = kS$,解得:$k = 2(\mathrm{N/cm})$.则将此弹簧由平衡位置拉长 50 cm 时,弹簧力所作的功为

$$W = \int_0^{50} kS\mathrm{d}S = 2\int_0^{50} S\mathrm{d}x = S^2 \Big|_0^{50} = 2\,500(\mathrm{N \cdot cm}) = 25(\mathrm{J}).$$

2. 液体的压力

单位面积上所受的垂直于面的压力称为压强,即 $p = \rho \cdot g \cdot h$,(其中 ρ 是液体密度,SI 单位是 kg/m³,h 是深度,SI 单位是 m).如果沉于一定深度的承压面平行于液体表面,则此时承压面上所有点处的 h 是常数,承压面所受的压力 $P = \rho \cdot g \cdot h \cdot A$,其中 A 是单位为 m² 的承压面的面积.

若承压面不平行于液体表面,此时承压面不同点处的深度就不同,压强也就因点而异.考虑一种特殊情况:设承压面如图 5.5.12 所示为一垂直于液体表面的薄板,薄板在深度为 x 处的宽度为 $f(x)$,求液体对薄板侧面的压力.

薄板沿深度为 x 的水平线上压强相同,为 $\rho \cdot x$,现在在薄板深 x 处取一高为 $\mathrm{d}x$ 的微条(见图 5.5.12 中斜线阴影区域),设其面积为 $\mathrm{d}A$.微条上受液体压力为压力微元 $\mathrm{d}P$,近似认

为在该微条上压强相同，为 $\rho \cdot x$，则 $\mathrm{d}P = \rho \cdot x\,\mathrm{d}A$；又深度为 x 处薄板宽为 $f(x)$，故 $\mathrm{d}A = f(x)\mathrm{d}x$，因此

$$\mathrm{d}P = \rho \cdot g \cdot x \cdot f(x)\mathrm{d}x.$$

若承压面的入水深度从 a 到 $b(a < b)$，则薄板承压面上液体总压力是 x 从 a 到 b 所有压力微元 $\mathrm{d}P$ 的累积.据微元法

$$P = \int_a^b \rho g x f(x)\mathrm{d}x = \rho g \cdot \int_a^b x f(x)\mathrm{d}x. \quad (5.5.6)$$

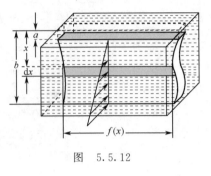

图 5.5.12

【例 6】 一圆柱形水管半径为 1 m，若管中装水一半，求水管闸门一侧所受的静压力.

解 建立如图 5.5.13 所示的直角坐标系.此时变量 x 表示水中各点深度，它们的变化区间是 $[0,1]$，圆的方程为 $x^2 + y^2 = 1$.

由物理知识，对于均匀受压的情况，压强 P 处处相等.要计算所求的压力，可按公式压力＝压强×面积来计算，但现在闸门在水中所受的压力是不均匀的，压强随着水深度 x 的增加而增加，根据物理学知识，压强 $P = g\rho x$（SI 单位是 $\mathrm{N/m^2}$），其中 $\rho = 1\,000\ \mathrm{kg/m^3}$ 是水的密度，$g = 9.8\ \mathrm{m/s^2}$ 是重力加速度.

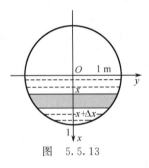

图 5.5.13

因此，要计算闸门所受的水压力，不能直接用上述公式.但是，如果将闸门分成若干水平的窄条，由于窄条上各处深度 x 相差很小，压强 $P = g\rho x$ 可看成不变.从而选取深度小区间 $[x, x + \Delta x]$，在此小区间闸门所受到的压力为 ΔF，则

$$\Delta F \approx g\rho x \cdot 2y\Delta x = g\rho x \cdot 2\sqrt{1-x^2}\,\Delta x(\mathrm{N}).$$

水管闸门一侧所受的静压力为

$$F = \int_0^1 2g\rho x\sqrt{1-x^2}\,\mathrm{d}x = 2g\rho\left[-\frac{1}{3}(1-x^2)^{3/2}\,\Big|_0^1\right] = \frac{2g\rho}{3} = 6\,533(\mathrm{N}).$$

5.5.4 连续问题的平均值

许多问题要计算连续函数在区间上的平均值，如 24 h 的平均气温等.

设函数 $f(x)$ 在闭区间 $[a,b]$ 上连续，将 $[a,b]$ 分成 n 等份，设等分点依次为 $a = x_0, x_1, x_2, \cdots, x_n = b$，当 n 足够大，每个小区间的长 $\Delta x = \dfrac{b-a}{n}$ 就足够小，于是可用 $f(x_i)$ 近似代替小区间 $[x_{i-1}, x_{i-1} + \Delta x]$ 上各点的函数值，$i = 1, 2, \cdots, n$. 于是，$f(x)$ 在区间 $[a,b]$ 的近似平均值为

$$\bar{y} = \frac{f(x_1) + f(x_2) + \cdots + f(x_n)}{n} = \frac{1}{n}\sum_{i=1}^n f(x_i).$$

当 $\Delta x \to 0$ 时，$\bar{y}$ 的极限就是 $f(x)$ 在 $[a,b]$ 上的平均值.据此，以及定积分的定义，得

$$\bar{y} = \lim_{\Delta x \to 0} \frac{1}{n} \sum_{i=1}^{n} f(x_i) = \lim_{\Delta x \to 0} \frac{1}{b-a} \sum_{i=1}^{n} f(x_i) \Delta x = \frac{1}{b-a} \int_a^b f(x) \mathrm{d}x.$$

于是 $f(x)$ 在闭区间 $[a,b]$ 上的平均值为

$$\bar{y} = \frac{1}{b-a} \int_a^b f(x) \mathrm{d}x.$$

这就是定积分中值定理 $f(\xi) = \dfrac{1}{b-a} \int_a^b f(x) \mathrm{d}x$,其中 $\xi \in [a,b], f(\xi) = \bar{y}$.

【例 7】 在电机、电器上常会标有功率、电流、电压的数字.如电机上标有 50 kW、380 V,在灯泡上标有 5 W、220 V 等,这些数字表明交流电在单位时间内所作的功和交流电压。但交流电流、电压的大小和方向都随时间作周期性的变化,怎样确定交流电的功率、电流、电压呢?

解 由于交流电随时间做周期变化,交流电流 $i(t)$ 不是常数,因而电阻消耗的功率 $P(t) = i^2(t)R$ 也在不断变化,但在很短的时间间隔内,可以近似地认为是不变的(即近似地看作直流电),因而在 $\mathrm{d}t$ 时间内对 $i = i(t)$ 以常代变,可得到功的微元

$$\mathrm{d}W = Ri^2(t)\mathrm{d}t,$$

在一个周期的时间内吸收(消耗)的功 W 可以用定积分表示为

$$W = \int_0^T Ri^2(t)\mathrm{d}t,$$

因此,交流电的平均功率为

$$\bar{P} = \frac{W}{T} = \frac{1}{T} \int_0^T Ri^2(t)\mathrm{d}t.$$

交流电随时间变化,计算时颇多不便,因此在电工学中常使用"有效值"来表示交流电量的大小.

把一个直流电流和一个非直流电流分别通入两个相同的电阻器件,如果在相同时间内它们产生的热量相等,那么就把直流电流的值作为非直流电流的有效值,也叫有效电流.

由于直流电流 I 在电阻 R 上消耗的功率为 I^2R ,交流电流 $i(t)$ 在 R 上消耗的功率为 $i^2(t)R$,它在一个周期内的平均值为 $\dfrac{1}{T} \int_0^T i^2(t)R\mathrm{d}t$,所以

$$I^2R = \frac{1}{T} \int_0^T i^2(t)R\,\mathrm{d}t = \frac{R}{T} \int_0^T i^2(t)\mathrm{d}t,$$

于是有效电流

$$I = \sqrt{\frac{1}{T} \int_0^T i^2(t)\mathrm{d}t}.$$

同样可推导出交流电压的有效值: $U = \sqrt{\dfrac{1}{T} \int_0^T u^2(t)\mathrm{d}t}$.

对于正弦交流电流 $i = I_{\mathrm{m}}\sin(\omega t + \varphi_i)$,其有效值为

$$I = \sqrt{\frac{1}{T} \int_0^T i^2(t)\mathrm{d}t} = \sqrt{\frac{1}{T} \int_0^T I_{\mathrm{m}}^2 \sin^2(\omega t + \varphi_i)\mathrm{d}t}$$

$$= \sqrt{\frac{I_m^2}{2T} \int_0^T [1 - \cos 2(\omega t + \varphi_i)] dt}$$

$$= \frac{I_m}{\sqrt{2}} = 0.707 I_m.$$

同样可推导出交流电压的有效值：$U = \dfrac{U_m}{\sqrt{2}} = 0.707 U_m.$

一般所说交流电流(电压)的大小均指它的有效值,在电机、电器铭牌上标的电压、电流数值也都是有效值.

习　题　5.5

1. 求由 $y = \sqrt{x}$ 与直线 $y = x$ 所围成的图形面积.

2. 求由曲线 $y = \dfrac{1}{x}$ 与直线 $y = x , x = e$ 围成的平面图形的面积 A.

3. 求由抛物线 $y = \dfrac{1}{4}x^2$ 及其在点 $(2,1)$ 处法线所围成的图形面积.

4. 求由曲线 $y = x^2$ 与 $y = 2x - x^2$ 所围图形的面积.

5. 求由 $y = x^2$ 与 $y = 1$ 所围成的图形绕 y 轴旋转一周而得到的旋转体的体积.

6. 求椭圆 $\dfrac{x^2}{4} + \dfrac{y^2}{9} = 1$ 绕 x 轴旋转而成的椭球体的体积.

7. 有一倒圆锥体形蓄水池,深 15 m,口径 20 m,欲将水抽尽需做多少功?

8. 修建一道梯形闸门,它的两条底边各长 8 m 和 6 m,高为 6 m,较长的底边与水面平齐,计算闸门一侧所受水的压力.

5.6　用 MATLAB 求定积分

定积分同样可以用 MATLAB 数学符号工具箱中提供的函数 int 求解.

在 MATLAB 中,int 命令的调用格式如表 5.6.1 所示.

表　5.6.1

命令	说　　明
R＝int(S,a,b)	用默认的变量,求符号表达式 S 在区间 $[a,b]$ 上的积分数值
R＝int(S,v,a,b)	用符号变量 v 作为变量,求符号表达式 S 在区间 $[a,b]$ 上的积分数值

注:在 int 命令中,a,b 分别表示积分的下限与上限.a,b 不仅可以是常数变量,也可以是其他数值表达式.

【例 1】　用 MATLAB 求定积分 $\displaystyle\int_1^{e^2} \dfrac{1}{x\sqrt{1 + \ln x}} dx.$

解 >> syms x;

>> f = x * sqrt(1 + log(x));　　% 定义被积函数的分母 $f = x\sqrt{1 + \ln x}$

>> f1 = 1/f;　　% 定义被积函数 $f_1 = \dfrac{1}{x\sqrt{1 + \ln x}}$

>>F = int(f1,1,'exp(2)')　　% 求定积分 $\displaystyle\int_1^{e^2} \dfrac{1}{x\sqrt{1 + \ln x}}\mathrm{d}x$

按 Enter 键,定积分的结果如下:

F = 2 * 3^(1/2) - 2

所以

$$\int_1^{e^2} \frac{1}{x\sqrt{1 + \ln x}}\mathrm{d}x = 2\sqrt{3} - 2.$$

 注 意

'exp(2)'是定义一个符号常数 e^2.

【例 2】 在 MATLAB 中求定积分 $\displaystyle\int_{-\frac{\pi}{2}}^{\frac{\pi}{2}} \sqrt{\cos x - \cos^3 x}\,\mathrm{d}x$.

解 >> syms x;

>> f = sqrt(cos(x) - (cos(x))^3);

>> F = int(f, - pi/2,pi/2)

按 Enter 键,

F = 2/3

所以

$$\int_{-\frac{\pi}{2}}^{\frac{\pi}{2}} \sqrt{\cos x - \cos^3 x}\,\mathrm{d}x = \frac{2}{3}.$$

【例 3】 在 MATLAB 中求定积分 $\displaystyle\int_{-\infty}^{+\infty} \dfrac{\mathrm{d}x}{x^2 + 2x + 2}$.

解 >>syms x;

>>f = 1/(x^2 + 2 * x + 2);

>>F = int(f,x, - inf,inf)

按 Enter 键,定积分的结果如下:

F = pi

所以

$$\int_{-\infty}^{+\infty} \frac{\mathrm{d}x}{x^2 + 2x + 2} = \pi.$$

习　题　5.6

用 MATLAB 命令求下列积分:

(1) $\displaystyle\int_1^3 |2 - x|\,\mathrm{d}x$;　　　(2) $\displaystyle\int_{-\infty}^{+\infty} \dfrac{2}{1 + x^2}\mathrm{d}x$;　　　(3) $\displaystyle\int_{-\frac{\pi}{2}}^{\frac{\pi}{2}} \sqrt{1 - \cos^2 x}\,\mathrm{d}x$.

小结

5.1 定积分的概念与性质

主要内容与要求

1. 理解并掌握定积分的概念及性质.

2. 了解定积分的几何意义.

5.2 微积分基本公式

一、主要内容与要求

1. 理解变上限积分的定义及性质.

2. 理解并熟练掌握用牛顿-莱布尼茨公式,能熟练运用牛顿-莱布尼茨公式求定积分.

二、方法小结

牛顿-莱布尼茨公式是一座桥梁,把不定积分与定积分联系起来,从而也将求定积分的问题转化为先求不定积分.运用牛顿-莱布尼茨公式求定积分可分为两个步骤:

1. 求出相应的不定积分;

2. 将积分上(下)限代入一个原函数中求出函数值、作差,即为所求定积分.

但使用牛顿-莱布尼茨公式时,要注意公式适用的条件:

1. 被积函数 $f(x)$ 在区间 $[a,b]$ 上连续或分段连续,否则可能导致错误的结果.

2. 若被积函数在积分区间上仅有有限个第一类间断点,或被积函数在积分区间上是分段函数,则可以以间断点或分段点把积分区间分成几段,逐段计算后相加.

3. 被积函数带有绝对值符号的情形,一般也可以化为分段函数来处理.

5.3 定积分的积分法

一、主要内容与要求

1. 掌握用定积分的换元积分法求定积分.

2. 掌握用定积分的分部积分法求定积分.

二、方法小结

1. 使用换元积分法求定积分时,一定要注意换元必换限,不换元则不换限.

2. 使用分部积分法求定积分时,求出的每一项均要把积分上下限代入计算.积分的上、下限不需改变.

5.4 广义积分

一、主要内容与要求

1. 理解无穷积分的定义及求法.

2. 了解瑕积分的定义及求法.

二、方法小结

对广义积分的理解及求解,关键是"转化"的数学思想和"极限"的数学思想.把无限区间转化为有限区间,把无界转化为有界,再取极限.由极限是否存在判定广义积分是收敛还是发散.

5.5 定积分的简单应用

一、主要内容与要求

1. 理解并掌握微元法的思想.

2. 能熟练运用微元法求平面图形的面积及旋转体的体积.

3. 能运用微元法分析及解答一些简单的专业问题.

二、方法小结

用微元法解决问题主要是写出微元.写微元的关键是近似代替,即以直代曲,以不变代变、以均匀代非均匀,转化为已有知识,就可导出准确的微元表示式.

1. 微元的取法的不唯一性

微元可以有多种正确选择,选择的原则就是使微元表示式尽量简单,且积分易求.

2. 积分上、下限的确定

积分限是累积范围,如果微元为 $\mathrm{d}F = f(x)\mathrm{d}x$,那么只要确定当 x 从哪里变到哪里,各微元就能累积成总量,积分限也就得到了.积分上下限往往是曲线方程构成的方程组的解.

5.6 定积分的 MATLAB 解法

主要内容与要求

熟练掌握求定积分的命令 int 及调用格式.

附录 A

MATLAB 基础

A.1　MATLAB 环境

随着计算机技术的飞速发展,利用计算机的强大计算功能来处理数学和工程领域的各种计算问题显得越来越普遍和便利,并由此产生了许多功能强大的、成熟的应用软件.总的来说,处理数学问题的应用软件大概可分为两类:一类是符号计算软件,即利用计算机作符号演算来完成数学推导,用数学表达式形式给出问题的精确解,如 Maple、Mathematica 等;另一类是数值软件,它们针对各种各样复杂的数学问题,用离散的或其他近似的形式给出解,而 MATLAB 无疑是其中最杰出的代表.MATLAB 是 Matrix Laboratory 的缩写,由美国的 MathWorks 公司于 20 世纪 80 年代开发推出.经过 30 多年的不断发展和扩充,MATLAB 已经成为适合多学科的功能强大的大型软件.在国内外许多高校,MATLAB 是微积分、线性代数、数理统计、数值分析、优化技术、自动控制、数字信号处理、图像处理、时间序列分析、动态系统仿真等高级课程的必备教学工具,是大学生必须掌握的基本技能.同时,MATLAB 也被研究单位和工程企业各领域广泛应用,使科学研究和解决各种具体问题的效率大大提高.

顾名思义,MATLAB 的基本数据单元是矩阵,它的指令表达式与数学、工程中常用的形式十分相似,故用 MATLAB 来解算问题要比用 C,FORTRAN 等语言完成相同内容简捷得多,并且 MATLAB 也吸收了 Maple 等软件的优点,它不仅具有强大的数值计算能力,同时也具备了符号计算功能.概括来说,MATLAB 主要有以下特点:

(1) 高效的数值计算及符号计算功能,能使用户从繁杂的数学运算中解脱出来;

(2) 具有完备的图形处理功能,实现计算结果和编程的可视化;

(3) 友好的用户界面及接近数学表达式的自然化语言,使读者易于学习和掌握;

(4) 功能丰富的应用工具箱(如信号处理工具箱、通信工具箱等),为用户提供了大量方便实用的处理工具.

(5) 易于扩充,除内部函数外,所有 MATLAB 的核心文件和工具箱文件都是可读可改写的源文件,用户可以修改源文件和加入自己的文件,它们可以与库函数一样被调用.

A.1.1　MATLAB 安装和启动

1. 安装

运行 MATLAB 系统中的安装程序 setup.exe,根据提示输入安装序列号,选择安装目录、相关组件等,安装成功后会在计算机桌面自动生成 MATLAB 快捷图标.

2. 启动

启动 MATLAB 系统有三种常见方法:

(1) 使用 Windows 的"开始"菜单;

(2) 运行 MATLAB 系统启动程序 MATLAB.exe;

(3) 利用快捷方式.

A.1.2　MATLAB 操作界面

打开 MATLAB,其操作界面如图 A.1.1 和图 A.1.2 所示,其中图 A.1.1 为 R2016a 版本的界面,图 A.1.2 为 7.1 版本的界面(本书有关 MATLAB 的内容均以 7.1 版本为例).

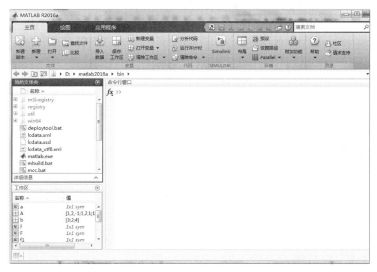

图 A.1.1

1. 主窗口

MATLAB 主窗口是 MATLAB 的主要工作界面.主窗口除了嵌入一些子窗口外,还主要包括菜单栏和工具栏.

2. 命令窗口(Command Window)

命令窗口是 MATLAB 的主要交互窗口,用于输入命令并显示除图形以外的所有执行结果.

MATLAB 命令窗口中的"≫"为命令提示符,在命令提示符后输入命令并按 Enter 键后,MATLAB 就会解释执行所输入的命令,并在命令后面给出计算结果.

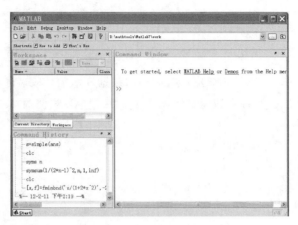

图　A.1.2

一般来说，一个命令行输入一条命令，命令行以回车符结束.但一个命令行也可以输入若干条命令，各命令之间以逗号或分号分隔，以分号结束的指令将不显示计算结果.

如果一个命令行很长，一个物理行之内写不下，可以在第一个物理行之后加上三个小黑点（...）并按 Enter 键，然后接着下一个物理行继续写命令的其他部分.三个小黑点称为续行符，即把下面的物理行看作该行的逻辑继续.

3. 工作空间窗口（Workspace）

工作空间是 MATLAB 用于存储各种变量和结果的内存空间.在该窗口中显示工作空间中所有的变量，可对变量进行观察、编辑、保存和删除.

4. 当前目录窗口（Current Directory）

当前目录是指 MATLAB 运行文件时的工作目录，只有在当前目录或搜索路径下的文件、函数可以被运行或调用.

在当前目录窗口中可以显示或改变当前目录，还可以显示当前目录下的文件并提供搜索功能.

将用户目录设置成当前目录也可使用 cd 命令.例如，将用户目录 e:\Matlab7\work 设置为当前目录，可在命令窗口输入命令：cd e:\Matlab7\work.

5. 命令历史窗口（Command History）

命令历史窗口可以内嵌在 MATLAB 主窗口的左下部，也可以浮动在主窗口上.在默认设置下，历史记录窗口中会自动保留自安装起所有用过的命令的历史记录，并且标明了使用时间，从而方便用户查询.而且，通过双击命令可以再次运行历史命令.如果要清除这些历史记录，可以选择 Edit 菜单中的 Clear Command History 命令.

6. Start 按钮

在 MATLAB 主窗口左下角还有一个 Start 按钮，单击该按钮会弹出一个菜单，选择其中的命令可以快速访问 MATLAB 的各种工具和查阅 MATLAB 包含的各种资源.

A.1.3　MATLAB 帮助系统

如果要查询某一函数的详细功能和用法,最简便有效的方式是在命令窗口输入 help 加该函数名,例如

>> help linprog

在命令窗口将会显示函数 linprog 的详细功能和使用语法、参数说明以及举例.

有时可能对执行某一功能的函数的确切拼写格式不是很清楚,而 help 命令只对关键字完全匹配的结果进行搜索,这时可以使用 lookfor 函数对搜索范围内的所有函数进行关键字搜索,例如,输入

>> lookfor inverse

将显示与关键字 inverse 有关的所有函数.

如果想比较系统地了解 MATLAB,可以使用 MATLAB 的帮助(help)窗口,它相当于一个帮助信息浏览器,可以搜索和查看所有 MATLAB 的帮助文档,还能运行有关演示程序.要打开 MATLAB 帮助窗口,可以采用以下三种方式:单击 MATLAB 主窗口工具栏中的 help 按钮;在命令窗口中运行 helpwin、helpdesk 或 doc 命令;选择 Help 菜单中的 Matlab Help 命令.

参考网络资源是获取帮助的一条捷径.

1. 比较好 MATLAB 论坛

百思论坛 mat lab 专区:http://www. baisi. net/.

瀚海星云 mathtool 版:http://fbbs. ustc. edu. cn/.

水木清华 mathtool 版:http://www. smth. edu. cn/ver2. html.

饮水思源 matlabhttp 版:http://bbs. sjtu. edu. cn/.

紫丁香 matlab 版http://bbs. hit. edu. cn/.

2. MATLAB 官方网站

math works 的官方网站:http://www. mathwork. com.

MATLAB 大观园:http://matlab. myrice. com.

文宇工作室:http://passmatlab. myetang. com/MATLAB/INDEX. HTM.

MATLAB 语言与应用:http://sh. netsh. com/bbs/5186/.

中国学术交流园地:http://www. matwav. com/resource/newlk. asp.

A.2　MATLAB 数据结构及其运算

MATLAB 最基本、最重要的数据单元是矩阵,数据类型包括:数值型、字符串型、逻辑型、结构性、矩阵型、函数句柄型、稀疏矩阵型等.不管什么类型,MATLAB 都是以数组或矩阵的形式保存的,且矩阵要求其元素具有相同的数据类型.

A. 2. 1 变量及其操作

变量代表一个或若干内存单元,为了对变量所对应的存储单元进行访问,需要给变量命名. 在 MATLAB 中,变量名必须以字母开头,后接字母、数字或下画线,变量名最多不超过 63 个字符.需要特别注意:MATLAB 严格区分字母的大小写,即大写字母和小写字母是不同的字符.

MATLAB 中有一些关键字具有特别的含义,这些关键字不能作为变量名,如 for,if, while 等;还有一些 MATLAB 约定的保留字,一般也不用来作为自定义的变量名,这些保留字有:

- ans:计算结果的默认赋值变量;
- pi:圆周率;
- eps:计算机能够识别的最小正数;
- inf:正无穷大;
- nan(或 NaN):不定量(如 0/0);
- i(或 j):虚数单位。

在 MATLAB 的数值计算中,任何变量在参与运算之前都需要先赋值,给变量赋值的形式为:变量名＝表达式.

说明:(1) MATLAB 采用的是编译和执行同时进行的模式,即在命令窗口中输入一条语句,按 Enter 键后立即在语句下面显示执行结果.有时不需要看到中间结果,就可以在不需要显示中间计算结果的语句的末尾加上分号.语句后分号的另一个作用是可以将两条以上的语句写在同一行内,语句之间用分号隔开(逗号也有此功能,区别在于是否显示运行结果).

(2)赋值表达式中若省略变量名,即只有表达式,则将表达式的结果赋给默认变量 ans.

(3)要清除命令窗口中的显示内容,输入指令 clc;注意该命令不会清除工作空间中已有变量的值,若要清除工作空间中的变量,可使用指令 clear.

A. 2. 2 建立矩阵

在 MATLAB 中建立矩阵,主要有以下几种方法:

1. 直接输入

MATLAB 用方括号"[ ]"来表示矩阵或数组,矩阵的同一行元素之间用逗号或空格分开,行与行之间的分隔符为分号或回车符.如:

```
>> A = [1,2,3;4 5 6;7 8 9]
```

则会显示结果:

```
A =

    1    2    3
    4    5    6
    7    8    9
```

指令 A(2,1)表示矩阵 A 的第二行第一列位置的元素,指令 a=A(2,1),表示将 A(2,1) 的值赋给变量 a,而 A(2,1)=7,表示将元素 A(2,1)的值修改为 7.

2. 交互式输入

可以使用工作空间窗口中的快捷按钮进行新建、打开、输入数据等操作.对已经输入的矩阵, 在工作空间(WorkSpace)中双击矩阵名,则会打开变量编辑器,可以在其中输入和修改数据.

3. 导入外部数据

对于存储在外部文件中的数据,如电子表格、文本文件或数据库文件,可以直接将其导入 到 MATLAB 中.选择 File→Import Data 命令,打开数据导入窗口,按提示操作即可.

4. 特殊矩阵

MATLAB 提供了一些函数来构造特殊矩阵,如

- zeros(m,n);生成 m 行 n 列的全零矩阵。
- ones(m,n);生成 m 行 n 列的全 1 矩阵。
- eye(m,n);生成 m 行 n 列的单位矩阵。

当矩阵的行数和列数相等时,只需在括号中标明阶数,如 eye(3),生成 3 阶单位矩阵.

5. 矩阵的裁剪与拼接

从一个矩阵中取出若干行(或列)构成新矩阵称为矩阵裁剪,只需在表示矩阵元素的行或 列的位置用数组形式说明要提取哪些行(或列)即可.如

```
B = A([1,3],[1,4])
```

表示提取矩阵 A 的第一、三行,第一、四列交叉位置的元素,构成一个新矩阵 B.

当行(或列)的位置是标点符冒号时,表示提取对应的所有行(或列)的数据,如

```
C = A(:,3)          %提取矩阵 A 的第三列所有元素组成一个列向量 C
D = A([1,3],:)      %提取矩阵 A 的第一、三行的所有元素
```

在 MATLAB 中,冒号除了上面的功能,还可以生成等差数组,语法为

```
a:s:b       %生成一个以数 a 为首项,公差为 s,最后一项不超过数 b 的等差数组.当公差为 1 时,可以省略
```
该项,即 a:b

将若干矩阵组成一个大矩阵称为矩阵拼接,操作只需将元素换成相应的矩阵块,当然要求 位于同一行的矩阵块的行维数相等,位于同一列的矩阵块的列维数相等.

A.2.3 数据运算

在 MATLAB 中,主要定义了两种运算方式,分别称为矩阵运算和数组运算.

1. 矩阵运算

矩阵运算包括:+(加)、−(减)、*(乘)、/(右除)、\(左除)、^(乘方)、′(转置).单个数据的 算术运算只是矩阵运算的一种特例.

例如,A+B,A−B,要求矩阵 A 和 B 的维数相同;A×B,要求矩阵 A 的列数等于矩阵 B

的行数;B/A,相当于矩阵方程 XA＝B 中,X＝B * inv(A)(在 A 可逆的前提下);而 A\B,则相当于矩阵方程 AX＝B 中,X＝inv(A) * B.

2. 数组运算

在 MATLAB 中,有一种特殊的运算:数组运算,也叫点运算.点运算符有 . * 、./ 、.\和 .^.两矩阵进行点运算是指它们的对应元素进行相关运算,要求两矩阵的维数相同.

例如:

```
>> A=[1 2 3;4 5 6];B=[2 0 1;-1 2 3];
>> A.*B,A./B,A.\B,A.^B,B.^A
ans =
     2    0    3
    -4   10   18
ans =
    0.5000      Inf   3.0000
   -4.0000   2.5000   2.0000
ans =
    2.0000        0   0.3333
   -0.2500   0.4000   0.5000
ans =
    1.0000   1.0000   3.0000
    0.2500  25.0000 216.0000
ans =
        2         0         1
        1        32       729
```

点运算中,其中一个运算对象可以是标量,规则是先将该标量扩充为与另一运算对象维数相同的数量矩阵,然后再作相应的点运算.

例如:

```
>> x=1:5;
>> y=2.^x
y = 2    4    8    16    32
>> z=x.^2
z = 1    4    9    16    25
```

数组运算和矩阵运算是两种运算法则完全不同的运算,初学者在使用时要特别注意.

A.2.4　关系运算

Matlab 提供了六种关系运算符:＜(小于)、＜＝(小于或等于)、＞(大于)、＞＝(大于或等于)、＝＝(等于)、～＝(不等于).

关系运算符的运算法则为:

（1）当两个比较量是标量时，直接比较两数的大小.若关系成立，关系表达式结果为 1，否则为 0.

（2）当参与比较的量是两个维数相同的矩阵时，比较是对两矩阵相同位置的元素按标量关系运算规则逐个进行，并给出元素比较结果.最终的关系运算的结果是一个维数与原矩阵相同的矩阵，它的元素由 0 或 1 组成.

（3）当参与比较的对象是标量和矩阵时，则先将标量扩充为矩阵，再按法则（2）进行比较.

例如：

```
>> A=[3 2 5 -1;4 8 0 2];B=[1 2 3 4;3 0 -2 4];
>> A>B
ans =
    1    0    1    0
    1    1    1    0
```

A.2.5　逻辑运算

MATLAB 提供了三种逻辑运算符:&（与）、|（或）和～（非）.

逻辑运算的运算法则为：

（1）在逻辑运算中，确认非零元素为真，用 1 表示，零元素为假，用 0 表示；

（2）设参与逻辑运算的是两个标量 a 和 b，则遵循一般的逻辑运算法则；

（3）若参与逻辑运算的是两个同维矩阵，则对矩阵对应位置上的元素逐个进行，结果是同维数的 0—1 矩阵；

（4）若参与逻辑运算的一个是标量，一个是矩阵，则先将标量扩充为与矩阵同维数的数量矩阵，再按法则（3）进行.

（5）在算术、关系、逻辑运算中，算术运算优先级最高，逻辑运算优先级最低.

A.2.6　MATLAB 中的函数

MATLAB 提供了大量的函数.本质上讲，MATLAB 指令就是由这些函数组成的，通过对函数提供不同的参数输入，来完成各种特定的任务.下面列出一些完成 MATLAB 基本操作的常用函数.

1.数学函数

MATLAB 数学函数的自变量规定为数组，运算法则是将函数逐项作用于数组的各元素，因而运算的结果是一个与自变量同维数的数组.常用的数学函数如表 A.2.1 所示.

每个函数的具体用法可查阅相关帮助.

2.数组特征及矩阵操作函数

下面一些函数（见表 A.2.2），只有当它们作用于数组时才有意义，当数组是矩阵形式时，此时产生一个行向量，其每个元素是函数作用于矩阵相应列向量的结果.

表 A.2.1　常用数学函数及其含义

函数名	含　义	函数名	含　义
sin	正弦函数	sqrt	算术平方根函数
cos	余弦函数	log	自然对数函数
tan	正切函数	log10	常用对数函数
asin	反正弦函数	log2	以 2 为底的对数函数
acos	反余弦函数	exp	自然指数函数
atan	反正切函数	pow2	2 的幂
sinh	双曲正弦函数	abs	绝对值函数
cosh	双曲余弦函数	angle	复数的复角
tanh	双曲正切函数	real	复数的实部
asinh	反双曲正弦函数	imag	复数的虚部
acosh	反双曲余弦函数	conj	复数的共轭复数
atanh	反双曲正切函数	rem	求余数或模运算
mod	模运算	round	四舍五入到最邻近的整数
fix	向零方向取整	sign	符号函数
floor	不大于自变量的最大整数	gcd	最大公因子
ceil	不小于自变量的最小整数	lcm	最小公倍数

表 A.2.2　常用的数组函数及其含义

函数名	含　义	函数名	含　义
max	求数组的最大值	length	求数组的元素个数
min	求数组的最小值	mean	求数组的平均值
sum	求数组的和	sort	将数组元素排序
prod	求数组的乘积		

3. 矩阵函数(见表 A.2.3)

表 A.2.3　常用的矩阵函数及其含义

函数名	含　义	函数名	含　义
size	返回矩阵的维数	eig	矩阵的特征值及特征向量
det	矩阵的行列式	poly	矩阵的特征多项式
rank	矩阵的秩	trace	矩阵的迹(对角元素之和)
inv	矩阵的逆		

A.3　MATLAB 图形功能

　　MATLAB 不仅具有高层的绘图能力,即利用 MATLAB 提供的绘图函数,通过一些简单的参数设置就可以画出二维、三维图形,还具有低层绘图能力,利用图形句柄,在面向对象的图形设计基础之上,用户可以开发出各种精美的、涉及各专业领域的专业图形.下面只介绍绘制二维的基本方法.

在 MATLAB 中,绘制二维曲线最基本的函数是 plot 函数.plot 命令首先打开一个称为图形窗口(figure)的窗口,然后在其中显示图形,如果已经存在一个图形窗口,则 plot 会清除当前图形窗口中的已有图形,再绘制新图形.可以利用命令 figure(n)打开一个新的图形窗口,其中 n 是图形窗口的序号,再用 plot 函数绘图.plot 函数绘图方式类似于数学中的描点作图,其基本调用格式是:

plot(x,y)　%以数组 x 中的元素为横坐标,数组 y 中对应元素为纵坐标,用直线段从左至右依次连接数据点,绘制函数曲线.要求 x 和 y 是同维数数组

plot(x1,y1,x2,y2,…)　% 以每对数据(xi,yi)绘制曲线,所有曲线都在同一坐标系中

如果希望在已经打开的图形窗口中添加新的函数曲线,而又不清除原有的曲线,可以使用 hold on 命令来实现,表示保持当前图形窗口,而 hold off 则关闭图形保持功能(默认形式).

一般地,MATLAB 自动分配颜色和线型绘制曲线,如果使用者希望自己设定,可以在输入中加入相关参数,格式为

plot(x1,y1,'选项1',x2,y2,'选项2',…)

其中选项是表示曲线的颜色、线型、数据点标记的组合.如'b—.'表示蓝色点画线,'k:d'表示黑色虚线并用菱形标记数据点,表 A.3.1 列出了各种可能选项.

表 A.3.1　颜色、线型、标记符号选项

颜　色		线　型		标　记　符　号			
b	蓝色	—	实线	.	点	s	方块号(square)
g	绿色	:	虚线	o	圆圈	d	菱形(diamond)
r	红色	—.	点画线	x	叉号	v	朝下三角符号
c	青色	——	双画线	+	加号	^	朝上三角符号
m	品红色			*	星号	<	朝左三角符号
y	黄色					>	朝右三角符号
k	黑色					p	五角星(pentagram)
w	白色					h	六角星(hexagram)

给曲线添加图例,指令为:

legend(图例1,图例2,...)

【例】　用不同的颜色和线型在同一坐标系中画出函数 $y=x,y=x^2,y=x^3$ 在区间$[-1,1]$中的图形(见图 A.3.1),并标明图例.

```
>> x = -1:0.1:1;
>> y1 = x;y2 = x.^2;y3 = x.^3;
>> plot(x,y1,'r-',x,y2,'k:',x,y3,'b-.')
>> legend('y = x','y = x^2','y = x^3')
```

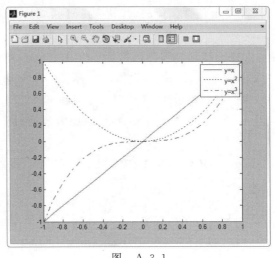

图　A.3.1

A.4　MATLAB 程序设计

A.4.1　M 文件

用 MATLAB 语言编写的程序,称为 M 文件.MATLAB 命令有两种执行方式:一种是交互式命令执行方式,另一种是 M 文件的程序执行方式.交互式命令执行方式速度慢,且执行过程不能保留,当某些操作需要反复执行时,更感到不便.程序执行方式是将有关命令编成程序存储在一个文件中,文件扩展名为 m,故也称为 M 文件,当运行该文件时,MATLAB 将自动依次执行该文件中的命令,直至全部命令执行完毕.以后需要这些命令时,只需再次运行该文件.实际上,MATLAB 提供的内部函数以及各种工具箱,都是利用 MATLAB 开发的 M 文件.

可以利用任何一种文本编辑软件编写 MATLAB 程序,如 Windows 操作系统的文本编辑器,只需将保存好的文件的扩展名改为 m,即可在 MATLAB 中直接运行.当然,MATLAB 本身附带了一个 M 文件编辑器(M File Editor),而且使用更加方便.打开 M 文件编辑器的方法是依次选择 MATLAB 菜单栏中的 File→New→M-File 命令,或者直接单击快捷工具栏中的快捷图标.

M 文件可以根据调用方式的不同分为两类:命令文件(Script File)和函数文件(Function File),函数文件与命令文件相比更具有通用性.

A.4.2　函数文件

MATLAB 提供的标准函数大部分都是由函数文件定义的.

1. 函数文件的基本结构

函数文件由 function 语句引导,其基本结构为:

```
function 输出形参表 = 函数名(输入形参表)
注释说明部分
函数体语句
```

其中以 function 开头的一行为引导行,表示该 M 文件是一个函数文件.函数名的命名规则与变量名相同.输入形参为函数的输入参数,输出形参为函数的输出参数.当输出形参多于一个时,则应该用方括号括起来.

说明:

(1) 函数文件名应尽量与函数名相同,以免出错;

(2) 以%开始到该行结束的部分均视为注释部分,主要用于对函数的功能和使用方法进行说明,不参与运算;

(3) 如果在函数文件中出现 return 语句,则执行到该语句时就结束函数的执行,程序流程返回到调用该函数的位置.

2. 函数调用

函数调用的一般格式是:

```
[输出实参表] = 函数名(输入实参表)
```

要注意的是,函数调用时各实参出现的顺序、个数,应与函数定义时形参的顺序、个数一致,否则会出错.函数调用时,先将实参传递给相应的形参,从而实现参数传递,然后再执行函数的功能.

A.4.3　程序控制结构

程序的控制结构主要控制程序中语句的执行顺序,MATLAB 有三种控制结构:顺序结构、选择结构和循环结构.

1. 顺序结构

顺序结构是指按照程序中语句的排列顺序依次执行,直到程序的最后一个语句.一般涉及数据的输入、数据的计算或处理、数据的输出等内容.

(1) 数据的输入.从键盘输入数据,可以使用 input 函数来进行,该函数的调用格式为:

```
A = input(提示信息,选项);
```

其中提示信息为一个字符串,用于提示用户输入什么样的数据.

(2) 数据的输出.MATLAB 提供的命令窗口输出函数主要有 disp 函数,其调用格式为:

```
disp(输出项)
```

其中输出项既可以为字符串,也可以为矩阵.

(3) 程序的暂停.当程序运行时,为了查看程序的中间结果或者观看输出的图形,有时需要暂停程序的执行,这时可以使用 pause 函数,调用格式为:

```
pause(延迟秒数)
```

如果省略延迟时间,直接使用 pause,则将暂停程序,直到用户按任一键后程序继续执行.若要强行中止程序的运行可使用 Ctrl+C 组合键.

2. 选择结构

选择结构是根据给定的条件成立或是不成立,分别执行不同的语句.MATLAB 用于实现选择结构的语句有 if 语句、switch 语句和 try 语句.

(1) if 语句.

if 语句的一般语法格式为:

```
if    条件 1
        语句组 1
    [elseif   条件 2
        语句组 2]
    …
    [elseif   条件 m
        语句组 m]
    [else
        语句组 n]
    end
```

其中方括号中的内容为可选项,若某一条件成立,则执行相应条件下的语句,然后继续执行结束语句 end 后面的语句,若所有条件都不满足,则直接执行 else 后面的语句.

(2) switch 语句.

switch 语句根据表达式的取值不同,分别执行不同的语句,其语句格式为:

```
switch    表达式
    case    表达式 1
        语句组 1
    case    表达式 2
        语句组 2
        …
    case    表达式 m
        语句组 m
    otherwise
        语句组 n
    end
```

当表达式的值等于表达式 1 的值时,执行语句组 1,当表达式的值等于表达式 2 的值时,执行语句组 2,…,当表达式的值等于表达式 m 的值时,执行语句组 m,当表达式的值不等于 case 所列的表达式的值时,执行语句组 n.当任意一个分支的语句执行完后,直接执行 end 后面的语句.

case 子句后面的表达式还可以是一个集合,当表达式的值等于集合中元素时,执行相应语句组.

(3) try 语句.

try 语句是一种试探性执行语句,其语句格式为:

```
try
```

```
        语句组 1
catch
        语句组 2
end
```

try 语句先试探性执行语句组 1,如果语句组 1 在执行过程中出现错误,则将错误信息赋给保留的 lasterr 变量,并转去执行语句组 2.

3. 循环结构

循环结构是指按照给定的条件,重复执行指定的语句,这是十分重要的一种程序结构.MATLAB 提供了两种实现循环的语句:for 语句和 while 语句.

(1) for 语句.

for 语句的格式为:

```
for 循环变量 = 表达式 1:表达式 2:表达式 3
        循环体语句
    end
```

其中表达式 1 的值为循环变量的初值,表达式 2 的值为步长,表达式 3 的值为循环变量的终值.步长为 1 时,表达式 2 可以省略.

for 语句更一般的格式为:

```
for 循环变量 = 矩阵表达式
        循环体语句
    end
```

执行过程是依次将矩阵的各列元素赋给循环变量,然后执行循环体语句,直至各列元素处理完毕.

(2) while 语句.

while 语句的一般格式为:

```
while(条件)
        循环体语句
    end
```

其执行过程为:若条件成立,则执行循环体语句,执行后再判断条件是否成立,如果不成立则跳出循环.

(3) break 语句和 continue 语句.

与循环结构相关的语句还有 break 语句和 continue 语句.它们一般与 if 语句配合使用.

break 语句用于终止循环的执行.当在循环体内执行到该语句时,程序将跳出循环,继续执行循环语句的下一语句.

continue 语句控制跳过循环体中的某些语句.当在循环体内执行到该语句时,程序将跳过循环体中所有剩下的语句,继续下一次循环.

(4) 循环的嵌套.

如果一个循环结构的循环体内包括一个循环结构,就称为循环的嵌套,或称为多重循环结构.

附录 B

常用初等数学公式

B.1 三 角 公 式

1. 三角函数恒等式

$\sin^2 x + \cos^2 x = 1$；　　$\sec^2 x = \tan^2 x + 1$；　　$\tan^2 x = \sec^2 x - 1$；

$\tan x = \sin x / \cos x$；$\cot x = \cos x / \sin x$；

$\tan x \cdot \cot x = 1$；　　$\sin x \cdot \csc x = 1$；　　$\cos x \cdot \sec x = 1$.

2. 倍角公式与半角公式

$\sin 2x = 2\sin x \cos x$；$\cos 2x = \cos^2 x - \sin^2 x = 2\cos^2 x - 1 = 1 - 2\sin^2 x$；

$\cos^2 \dfrac{x}{2} = \dfrac{1 + \cos x}{2}$；　　$\sin^2 \dfrac{x}{2} = \dfrac{1 - \cos x}{2}$.

3. 诱导公式

$\sin\left(\dfrac{\pi}{2} - \alpha\right) = \cos \alpha$；　　$\cos\left(\dfrac{\pi}{2} - \alpha\right) = \sin \alpha$；　　$\tan\left(\dfrac{\pi}{2} - \alpha\right) = \cot \alpha$；

$\sin(\pi - \alpha) = \sin \alpha$；　　$\cos(\pi - \alpha) = -\cos \alpha$；　　$\tan(\pi - \alpha) = -\tan \alpha$；

$\sin(-\alpha) = -\sin \alpha$；　　$\cos(-\alpha) = \cos \alpha$；　　$\tan(-\alpha) = -\tan \alpha$.

B.2 代 数 公 式

(1) 等差数列求和公式：$S_n = \dfrac{n(a_1 + a_n)}{2} = \dfrac{n}{2}[2a_1 + (n-1)d]$.

(2) 等比数列求和公式：$S_n = \dfrac{a_1(1 - q^n)}{1 - q} = \dfrac{a_1 - a_n q}{1 - q}$.

(3) 和差的平方公式：$(a \pm b)^2 = a^2 \pm 2ab + b^2$；

　　和差的立方公式：$(a \pm b)^3 = a^3 \pm 3a^2 b + 3ab^2 \pm b^3$；

平方差公式：$a^2-b^2=(a+b)(a-b)$；

立方和、立方差公式：$a^3\pm b^3=(a\pm b)(a^2\mp ab+b^2)$．

（4）指数运算：$a^b\cdot a^c=a^{b+c}$；　　$a^b/a^c=a^{b-c}$；　　$(a^b)^c=a^{bc}$；

$(a\cdot b)^c=a^c\cdot b^c$；$(a/b)^c=a^c/b^c$；$a^0=1$；　$a^{-1}=1/a$．

（5）对数运算：$\log_a(bc)=\log_a b+\log_a c$；

$$\log_a\frac{b}{c}=\log_a b-\log_a c；$$

$\log_a b^c=c\log_a b$；　　$b=\log_a a^b$；　　　特别地，$b=\mathrm{e}^{\ln b}(b>0)$

$\log_a 1=0$；　$\log_a a=1$；　　特别地，$\ln 1=0,\ln \mathrm{e}=1$．

（6）基本不等式：$|x|<a\Leftrightarrow -a<x<a$　　（其中 $a>0$）；

$|x|>a\Leftrightarrow x<-a$ 或 $x>a$；

$|x+y|\leqslant |x|+|y|$，　　$|x-y|\geqslant |x|-|y|$；

$a^2+b^2\geqslant 2ab$，也可写成当 $a,b>0$ 时成立 $a+b\geqslant 2\sqrt{ab}$．

（7）一元二次方程 $ax^2+bx+c=0$ 的求根公式：$x_{1,2}=\dfrac{-b\pm\sqrt{b^2-4ac}}{2a}$．

B.3　平面解析几何公式

1. 直线方程

斜截式：$y=kx+b$（斜率为 k，y 轴上截距为 b）；

点斜式：$y-y_0=k(x-x_0)$（过点 (x_0,y_0)，斜率为 k）；

截距式：$\dfrac{x}{a}+\dfrac{y}{b}=1$（$x$ 与 y 轴上截距分别为 a 与 b．$a,b\neq 0$）；

一般式：$ax+by+c=0$．

两直线平行 $\Leftrightarrow$ 它们的斜率相等：$k_2=k_1$；

两直线垂直 $\Leftrightarrow$ 它们的斜率为负倒数：$k_1\cdot k_2=-1$．

2. 二次曲线

（1）圆：$x^2+y^2=R^2$　　（圆心为 $(0,0)$，半径为 R）；

$(x-x_0)^2+(y-y_0)^2=R^2$　　（圆心为 (x_0,y_0)，半径为 R）；

（2）椭圆：$\dfrac{x^2}{a^2}+\dfrac{y^2}{b^2}=1$（$a>b>0$，焦点在 x 轴上）；

$\dfrac{y^2}{a^2}+\dfrac{x^2}{b^2}=1$　（$a>b>0$，焦点在 y 轴上）；

（3）双曲线：$\dfrac{x^2}{a^2}-\dfrac{y^2}{b^2}=1$（焦点在 x 轴上）；$\dfrac{y^2}{a^2}-\dfrac{x^2}{b^2}=1$（焦点在 y 轴上）；

（4）抛物线：$x^2=\pm 2py$（对称轴为 y 轴）；　$y^2=\pm 2px$（对称轴为 x 轴）．

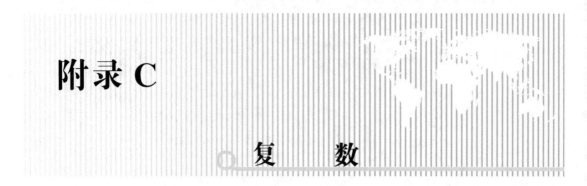

附录 C

复　　数

C.1　复数的概念

（1）虚数单位 i：①它的平方等于 -1，即 $i^2=-1$；i 就是 -1 的一个平方根，方程 $i^2=-1$ 的另一个根是 $-i$；②实数可以与它进行四则运算，进行四则运算时，原有加、乘运算律仍然成立；③i 的周期性：$i^{4n+1}=i$，$i^{4n+2}=-1$，$i^{4n+3}=-i$，$i^{4n}=1$.

（2）复数的定义：形如 $a+bi(a,b\in\mathbf{R})$ 的数叫复数，a 为复数的实部，b 为复数的虚部，全体复数所成的集合称为复数集，用字母 C 表示.

（3）复数的代数形式：复数通常用字母 z 表示，即 $z=a+bi(a,b\in\mathbf{R})$，把复数表示成 $a+bi$ 的形式，称为复数的代数形式.

（4）复数与实数、虚数、纯虚数及 0 的关系：对于复数 $a+bi(a,b\in\mathbf{R})$，当且仅当 $b=0$ 时，复数 $a+bi(a,b\in\mathbf{R})$ 是实数 a，当 $b\neq0$ 时，复数 $z=a+bi$ 为虚数；当 $a=0$，$b\neq0$ 时，$z=bi$ 为纯虚数；当且仅当 $a=b=0$ 时，z 就是实数 0.

（5）复数集与其他数集之间的关系：$\mathbf{C}\supseteq\mathbf{R}\supseteq\mathbf{Q}\supseteq\mathbf{Z}\supseteq\mathbf{N}$.

（6）两个复数相等的定义：如果两个复数的实部和虚部分别相等，那么就说这两个复数相等，即如果 $a,b,c,d\in\mathbf{R}$，那么 $a+bi=c+di\Leftrightarrow a=c,b=d$.

一般地，两个复数只能说相等或不相等，而不能比较大小.如果两个复数都是实数，就可以比较大小只有当两个复数不全是实数时，不能比较大小.

（7）复平面、实轴、虚轴：点 Z 的横坐标是 a，纵坐标是 b，复数 $a+bi(a,b\in\mathbf{R})$ 可用点 $z(a,b)$ 表示，也可用向量 $\overrightarrow{OZ}$ 表示.这个建立了直角坐标系来表示复数的平面称为复平面，x 轴称为实轴，y 轴称为虚轴，如图 C.1.1 所示.

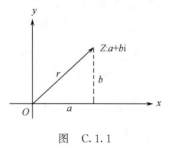

图　C.1.1

实轴上的点都表示实数.对于虚轴上的点要除原点外，因为原点对应的有序实数对为 $(0,0)$，它所确定的复数是 $z=0+0i=0$ 表示是实数．故除了原点外，虚轴上的点都表示纯虚数．

C.2　复数代数形式的运算

设 $z_1=a+bi, z_2=c+di, (a,b,c,d\in\mathbf{R})$ 是任意两个复数

（1）复数的和与差：$z_1\pm z_2=(a+bi)\pm(c+di)=(a\pm c)+(b\pm d)i$；

（2）复数的乘法：$z_1\cdot z_2=(a+bi)(c+di)=(ac-bd)+(bc+ad)i$．

其规律是把两个复数相乘，类似两个多项式相乘，在所得的结果中把 i^2 换成 -1，并且把实部与虚部分别合并．两个复数的积仍然是一个复数．

（3）复数的除法：利用 $(c+di)(c-di)=c^2+d^2$，将 $\dfrac{a+bi}{c+di}$ 的分母有理化得

$$\frac{z_1}{z_2}=\frac{a+bi}{c+di}=\frac{(a+bi)(c-di)}{(c+di)(c-di)}$$
$$=\frac{(ac+bd)+(bc-ad)i}{c^2+d^2},$$

所以　　$(a+bi)\div(c+di)=\dfrac{ac+bd}{c^2+d^2}+\dfrac{bc-ad}{c^2+d^2}i$．

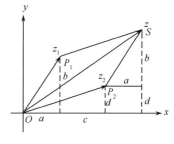

图　C.2.1

（4）共轭复数：当两个复数的实部相等，虚部互为相反数时，这两个复数称为互为共轭复数，虚部不等于 0 的两个共轭复数称为共轭虚数．

（5）复数加法的几何意义：如果复数 z_1, z_2 分别对应于向量 $\overrightarrow{OP_1}, \overrightarrow{OP_2}$，那么，以 OP_1, OP_2 为两边作平行四边形 OP_1SP_2，对角线 OS 表示的向量 $\overrightarrow{OS}$ 就是 z_1+z_2 的和所对应的向量，如图 C.2.1 所示．

（6）复数减法的几何意义：两个复数的差 z_1-z_2 与连接这两个向量终点并指向被减数的向量对应，如图 C.2.2 所示．

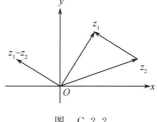

图　C.2.2

C.3　复数的三角形式

（1）复数的模：$|z|=|a+bi|=|\overrightarrow{OZ}|=\sqrt{a^2+b^2}$．

（2）复数 $z=a+bi$ 的辐角 θ 及辐角主值：以 x 轴的非负半轴为始边、以 OZ 所在射线为终边的角，如图 C.3.1 所示．在 $[0,2\pi)$ 内的辐角称为辐角主值，记为 $\arg z$．

（3）复数的三角形式：$z=a+bi=r(\cos\theta+i\sin\theta)$．

其中 $r=\sqrt{a^2+b^2}$, $\cos\theta=\dfrac{a}{r}$, $\sin\theta=\dfrac{b}{r}$.

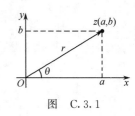

图 C.3.1

(4) 复数的三角形式的乘法:

若 $z_1=r_1(\cos\theta_1+\mathrm{i}\sin\theta_1)$, $z_2=r_2(\cos\theta_2+\mathrm{i}\sin\theta_2)$, 则
$$z_1z_2=r_1r_2(\cos(\theta_1+\theta_2)+\mathrm{i}\sin(\theta_1+\theta_2)).$$

(5) 复数的三角形式的乘方(棣莫弗定理):

若 $z=a+b\mathrm{i}=r(\cos\theta+\mathrm{i}\sin\theta)$, 则 $z^n=r^n(\cos n\theta+\mathrm{i}\sin n\theta)$, $n\in\mathbf{N}$.

(6) 复数的三角形式的除法:

若 $z_1=r_1(\cos\theta_1+\mathrm{i}\sin\theta_1)$, $z_2=r_2(\cos\theta_2+\mathrm{i}\sin\theta_2)$, 则
$$z_1\div z_2=\dfrac{r_1}{r_2}(\cos(\theta_1-\theta_2)+\mathrm{i}\sin(\theta_1-\theta_2)).$$

(7) 复数代数形式开平方和三角形式开高次方的运算:

① 复数 $z=a+b\mathrm{i}$ 开平方,只要令其平方根为 $x+y\mathrm{i}$,由

$(x+y\mathrm{i})^2=a+b\mathrm{i}\Rightarrow\begin{cases}x^2-y^2=a\\2xy=b\end{cases}$,解出 x,y 有两组解.

② 复数 $z=r(\cos\theta+\mathrm{i}\sin\theta)$ 的 n 方根为
$$\sqrt[n]{r}\left(\cos\dfrac{2k\pi+\theta}{n}+\mathrm{i}\sin\dfrac{2k\pi+\theta}{n}\right),(k=0,1,\cdots,n-1),n\in\mathbf{N}.$$

共有 n 个值.

C.4 复数的指数形式

(1) 根据欧拉公式: $\cos\theta+\mathrm{i}\sin\theta=\mathrm{e}^{\mathrm{i}\theta}$,有
$$z=a+b\mathrm{i}=r(\cos\theta+\mathrm{i}\sin\theta)=r\mathrm{e}^{\mathrm{i}\theta},$$

称 $r\mathrm{e}^{\mathrm{i}\theta}$ 为复数 z 的指数形式.

(2) 复数指数形式的运算:

设 $z_1=r_1\mathrm{e}^{\mathrm{i}\theta_1}$, $z_2=r_2\mathrm{e}^{\mathrm{i}\theta_2}$, 则

① 乘法: $z_1\cdot z_2=r_1\mathrm{e}^{\mathrm{i}\theta_1}\cdot r_2\mathrm{e}^{\mathrm{i}\theta_2}=r_1r_2\mathrm{e}^{\mathrm{i}(\theta_1+\theta_2)}$;

② 除法: $z_1\div z_2=r_1\mathrm{e}^{\mathrm{i}\theta_1}\div r_2\mathrm{e}^{\mathrm{i}\theta_2}=\dfrac{r_1}{r_2}\mathrm{e}^{\mathrm{i}(\theta_1-\theta_2)}$;

③ 乘方: $z^n=(r\mathrm{e}^{\mathrm{i}\theta})^n=r^n\mathrm{e}^{\mathrm{i}n\theta}$;

④ 开方: $\sqrt[n]{z}=\sqrt[n]{r\mathrm{e}^{\mathrm{i}\theta}}=\sqrt[n]{r}\,\mathrm{e}^{\frac{\mathrm{i}(\theta+2k\pi)}{n}}$, $(k=0,1,\cdots,n-1)$, $n\in\mathbf{N}$.

部分习题参考答案

第 1 章

习题 1.1

1.(1)×；(2)×；(3)√；(4)×.

2.(1) $\left[\dfrac{3}{2},+\infty\right)$；$(-\infty,1)$ 或 $(1,+\infty)$；$(-1,+\infty)$.

(2) $y=\dfrac{x+2}{3-5x}$；$y=\dfrac{2}{3}\arcsin\dfrac{x}{4}$.

(3) $y=\mathrm{e}^u,u=\arcsin x$；$y=u^{10},u=x^4+3x-1$；$y=\arctan u,u=\dfrac{2^x+1}{x^2+3}$；$y=u^3,u=\cos v,v=x^3$.

3.(1)C；(2)D.

4. $f(-\pi)=0$；$f(-1)=-\sin1$；$f(0)=0$；$f(\ln2)=\dfrac{3}{5}$；$f(1)=\dfrac{\mathrm{e}^2-1}{\mathrm{e}^2+1}$.

5.(1)偶函数；(2)奇函数；(3)非奇非偶函数；(4)奇函数.

习题 1.2

1.(1)√；(2)×；(3)×；(4)√；(5)×.

2.(1)1,1,1；(2)1；(3)相等；(4)A.

3.(1)3；(2)不存在；(3)−6,；(4)不存在.

4.(1)−1；(2)0；(3) $\dfrac{\pi}{4}$；(4) $\dfrac{\pi}{2}$；(5)不存在.

习题 1.3

1.(1)×；(2)×；(3)×.

2.(1)1；(2)−5；(3) $\dfrac{1}{2}$；(4)0；(5)0；(6) $\dfrac{3}{7}$；(7) $\dfrac{\pi}{4}$；(8) $\dfrac{1}{3}$.

3.(1) $\dfrac{5}{4}$；(2)$-\dfrac{2}{3}$；(3)6；(4) $\dfrac{1}{10}$；(5)16；(6)1；(7) $\dfrac{5}{2}$；(8)$-\dfrac{5}{27}$；(9)1；(10) $\dfrac{3}{2}$；

(11)9.

习题 1.4

1.(1)×；(2)√；(3)×.

2.(1)10；(2)$\dfrac{2}{3}$；(3)$e^{\frac{1}{4}}$；(4)$e^{-\frac{3}{2}}$；(5)e；(6)e^{-1}.

3.(1)C；(2)B；(3)B.

4.(1)2；(2)$\dfrac{m}{k}$；(3)$\dfrac{1}{12}$；(4)$\dfrac{1}{2}$；(5)e^6；(6)e^{-10}；(7)e^2；(8)e^{-2}；(9)e^2；(10)e.

习题 1.5

1.(1)×；(2)√；(3)√；(4)×；(5)×.

2.(1)无穷小；(2)无穷小；(3)无穷大；(4)无穷小.

3.(1)当 $x \to 0$ 时，$y = x^3$ 是无穷小，当 $x \to -\infty$ 时，$y = x^3$ 是无穷大，当 $x \to +\infty$ 时，$y = x^3$ 是无穷大，当 $x \to \infty$，$y = x^3$ 是无穷大.

(2)当 $x \to \dfrac{3}{2}$ 时，$y = \dfrac{2x-3}{1-x}$ 是无穷小，当 $x \to 1$ 时，$y = \dfrac{2x-3}{1-x}$ 是无穷大.

(3)当 $x \to +\infty$ 时，$y = \left(\dfrac{2}{3}\right)^x$ 是无穷小，当 $x \to -\infty$ 时，$y = \left(\dfrac{2}{3}\right)^x$ 是无穷大.

(4)当 $x \to 2$ 时，$y = \lg(x-1)$ 是无穷小，当 $x \to 1^+$ 时，$y = \lg(x-1)$ 是无穷大.当 $x \to +\infty$ 时，$y = \lg(x-1)$ 是无穷大.

4.(1)0；(2)0；(3)∞；(4)0.

5.当 $x \to 0$ 时，与无穷小 x 同阶的无穷小是 $\sin 2x$；与无穷小 x 等价的无穷小是 $\sqrt{1+x} - \sqrt{1-x}$，$\ln(1+x)$；比无穷小 x 高阶的无穷小是 x^4；比无穷小 x 低阶的无穷小是 $\sqrt[3]{x}$.

习题 1.6

1.(1)不连续；(2)不连续；(3)连续；(4)连续.

2.$a = \pm 1$.

3.$(-\infty, 1) \bigcup (1, +\infty)$.

4.(略)

5.(略)

习题 1.7

1.(见第 1 题图)

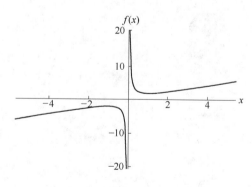

第 1 题图

2.(见第 2 题图)

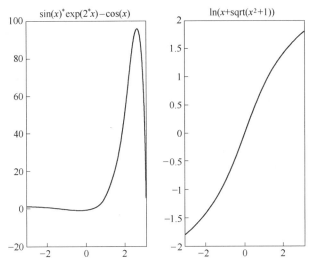

第 2 题图

3.(1) $\dfrac{5}{2}$;(2)1;(3)2;(4)0;(5)0;(6)0.

第 2 章

习题 2.1

1. 略.

2. (1) $\dfrac{7}{20}x^{-\frac{13}{20}}$; (2) $(3e)^x \ln 3e$.

3. (1) $\dfrac{1}{e\ln 3}$; (2) $-\dfrac{11}{12}$; (3) $\dfrac{\sqrt{2}}{2}$.

4. 1.

5. 切线方程：$12x - y - 16 = 0$,法线方程：$x + 12y - 98 = 0$.

6. $y = x\ln 3 + 1$.

7.连续,不可导.

习题 2.2

1. (1) $15x^4 + 5^x\ln 5$; (2) $3x^2 - 6\sqrt{x}$; (3) $\left(\dfrac{4}{e}\right)^x \ln \dfrac{4}{e} - 2\left(\dfrac{6}{e}\right)^x \ln \dfrac{6}{e} + \left(\dfrac{9}{e}\right)^x \ln \dfrac{9}{e}$;

(4) $e^x\left(3 - 2\sqrt{x} - \dfrac{1}{\sqrt{x}}\right)$; (5) $\sec x\left(\tan x \cdot \log_2 x + \dfrac{1}{x\ln 2}\right)$;

(6) $\dfrac{\cos x}{2\sqrt{x}} - \sqrt{x}\sin x - \sec x \cdot \tan x$; (7) $-4\csc 2x \cdot \cot 2x$;

(8) $\dfrac{x^2(2+x)(3\ln x + 1) - x^3\ln x + 1}{(2+x)^2}$.

2. $(1)1;(2)-2e,\dfrac{2(\ln 2-3)}{\ln^4 2}$.

3. $10x-y-\dfrac{5\pi}{2}-1=0,x+10y+\dfrac{\pi}{4}+10=0$.

4. $(1)C'(x)=0.04x+10,R'(x)=20,L'(x)=10-0.04x$；$(2)250$ 件,750 元.

习题 2.3

1.$(1)8x^2(2x^3-e)^{\frac{1}{3}}$；$(2)(3^x\ln 3-3x^2)\sin(x^3-3^x)$；$(3)\dfrac{1}{2\sqrt{x(1-x)}}+5$；

$(4)2^{\ln x}\left(\dfrac{x^3-\sin x}{x}\cdot\ln 2+3x^2-\cos x\right)$；$(5)\dfrac{1}{x(\ln x+1)}$；

$(6)\dfrac{1}{\sqrt{a^2+x^2}}$；$(7)\dfrac{18x\operatorname{arccot}3x+3}{\operatorname{arc cot}^2 3x}$；$(8)1+\dfrac{2e^x}{e^{2x}-1}$.

2. $(1)\dfrac{1}{4}$；$(2)e^{-1}$；$(3)1$；$(4)2\ln 2$.

3. $\dfrac{16}{25}\pi$.

4.$3\ln 3$.

习题 2.4

1. $(1)2\left(15x^4-5x-6x\ln x+\dfrac{1-\ln x}{x^2}\right)$；$(2)2\left(\arctan x+\dfrac{x}{1+x^2}\right)$；$(3)2^x\ln^2 2+2\cos 2x$.

2.满足.

3. $(1)\dfrac{2x^2\ln x-3x^2-4x-1}{x^2(1+x)^3}$；$(2)24\ln x+50-\dfrac{6}{(1+x)^4}$.

4. $(1)a^x\ln^n a$；$(2)2^{n-1}\sin\left[2x+\dfrac{(n-1)\pi}{2}\right]$.

5. $(1)3x[3x^3 f''(x^3)+2f'(x^3)]$；$(2)\dfrac{f''(x)f(x)-[f'(x)]^2}{f^2(x)}$.

习题 2.5

1. $(1)\left(-\dfrac{1}{x^2}+3+2x\right)\mathrm{d}x$；　$(2)\dfrac{-6x\ln^2(3-x^2)}{3-x^2}\mathrm{d}x$；

$(3)2^x\left(\ln 2\cdot\arctan 3x+\dfrac{3}{1+9x^2}\right)\mathrm{d}x$；　$(4)\dfrac{(3x-1)\cos 3x-(3x+1)\sin 3x}{x^2}\mathrm{d}x$；

$(5)\left(\dfrac{1}{\sqrt{x-x^2}}-\dfrac{2}{\sqrt{(1-x^2)\arcsin x}}\right)\mathrm{d}x$；　$(6)\dfrac{2}{(1-x)^2}\sin\dfrac{2(1+x)}{1-x}\mathrm{d}x$.

2. $(1)-2x+C$；　$(2)\dfrac{3x^4}{4}+C$；　$(3)\arctan x+C$；　$(4)-\dfrac{\cos 2x}{2}+C$；

(5) $-2\sqrt{x+1}+C$； (6) $\dfrac{\tan 3x}{3}+C$.

3. (1)0.719； (2)0.786； (3)0.003； (4)2.005.

4. 略.

习题 2.6

1.(1)$-4^{\wedge}(\cos(x)+\cot(x))*\log(4)*(\cot(x)^{\wedge}2+\sin(x)+1)$；

(2)$\cos(x)*(x^{\wedge}4+3*x^{\wedge}2+5)+\sin(x)*(4*x^{\wedge}3+6*x)$；

(3)$-3/(x^{\wedge}(1/2)*(x+1))-(5*\sin(\log(x)))/x$.

2.(1)$-18*\exp(3*x^{\wedge}3)-486*x^{\wedge}3*\exp(3*x^{\wedge}3)-729*x^{\wedge}6*\exp(3*x^{\wedge}3)$，$-16929*\exp(3)$；

(2)$5^{\wedge}x*\log(5)^{\wedge}4-96/(2*x+5)^{\wedge}4,5*\log(5)^{\wedge}3+16/343$.

第 3 章

习题 3.1

1.(1)$\checkmark$；(2)$\times$；(3)$\times$；(4)$\times$；(5)$\checkmark$.

2.

(1) $\displaystyle\lim_{x\to+\infty}\dfrac{\frac{1}{x}}{2}=0$；(2) $\displaystyle\lim_{x\to 0}\dfrac{(\sin x)'}{(x^4+4x)'}=\dfrac{1}{4}$；(3) $\dfrac{0}{0}$，$\displaystyle\lim_{x\to 0}\dfrac{(\sin x)'}{(\tan x)'}=\lim_{x\to 0}\dfrac{\cos x}{\sec^2 x}=1$.

3.D.

4.(1)-1；(2)$\dfrac{1}{2}$；(3)1；(4)0；(5)$-\sin a$；(6)0.

习题 3.2

1. (1)$x=1$；(2)增加；(3)$(-\infty,8]$；(4)增加；(5)增加.

2.(1)B；(2)C；(3)C.

3.(1)单调递增区间为：$(-\infty,2)\bigcup(4,+\infty)$，单调递减区间为：$(2,4)$；

(2)单调递增区间为：$(-5,+\infty)$，单调递减区间为：$(-\infty,-5)$.

习题 3.3

1.(1)$\times$；(2)$\times$；(3)$\times$；(4)$\checkmark$.

2.(1)1；(2)-32.

3.(1)极大值$y\big|_{x=1}=y\big|_{x=-1}=1$，极小值$y\big|_{x=0}=0$；

(2)极小值是$f(-4)=-4$.

习题 3.4

1.(1)$\times$；(2)$\checkmark$；(3)$\times$；(4)$\times$；(5)$\times$.

2.(1)$3e^4$；(2)-4；(3)2；(4)$f(b)$.

3.D.

4.最大值$f(3)=26$， 最小值$f(2)=-24$.

5.最小值是 $f(1) = 2\,018$.

6.方木横截面的长、宽都为 $\dfrac{\sqrt{2}\,d}{2}$ cm 时,所得方木面积最大.

7.当截掉的小正方形边长为 $\dfrac{k}{6}$ 时,所得的方盒的容积最大.

习题 3.5

1.(1)极小值 $y|_{x=2} = 3.431 \times 10^{-9}$,极大值 $y|_{x=1.1717 \times 10^{-5}} = 108$;

(2)极小值 $y|_{x=1} = -2$,极大值 $y|_{x=1} = 2$.

2. 底半径为 $\sqrt[3]{\dfrac{8}{\pi}} \approx 1.365\,6$ (cm),高为 $\dfrac{8}{\sqrt[3]{\pi}} = 5.462\,3$ (cm)时,造这个容器所用的材料费用最省.

第 4 章

习题 4.1

1.(1) x^3,$x^3 + C$; (2) $\sin x$,$\sin x + C$; (3) $3x$,$3x + C$; (4) e^x,$e^x + C$;

(5) $\arctan x$,$\arctan x + C$; (6) $\ln x$,$\ln|x| + C$.

2. (1) $\dfrac{\sin x}{\sqrt{x+1}\,(1+x^4)}$; (2) $e^x (\sin x - \cos^2 x) + C$;(3) $\sqrt{1+x^2} + \ln \cos x + C$;

(4) $\dfrac{x}{2\sqrt{1+\ln x}}\mathrm{d}x$.

3.(1)D; (2)A; (3)C.

4.(1) $\left(\dfrac{2}{3}x - 8\right)\sqrt{x} + C$;(2) $\dfrac{10^x}{\ln 10} + \dfrac{1}{11}x^{11} + C$;(3) $\dfrac{2}{3}x^{\frac{3}{2}} - 2x + C$;(4) $\dfrac{1}{3}x^3 - \dfrac{3}{2}x^2$ —

$2x + C$;(5) $\dfrac{(5e)^x}{1+\ln 5} + C$;(6) $\dfrac{1}{3}x^3 - x + \arctan x + C$;(7) $\dfrac{4 \cdot 3^x}{2^x (\ln 3 - \ln 2)} + 3x + C$;(8) x^3 —

$\arctan x + C$;(9) $\tan x - \sec x + C$;(10) $\dfrac{1}{2}(x - \sin x) + C$;(11) $-\dfrac{1}{2}\cot x + C$;(12) $\sin x$ —

$\cos x + C$.

5. $f(x) = e^x + x$.

6. $-\sin x + C$.

7. $f(x) = 2x + 2$

习题 4.2

1.(1) $\dfrac{1}{a}$; (2) $\dfrac{1}{7}$; (3) $-\dfrac{1}{2}$; (4) $\dfrac{1}{\alpha + 1}$; (5) -2; (6) 2.

2.(1) $\dfrac{1}{11}(x-3)^{11} + C$; (2) $\dfrac{1}{3}\left(1 + \dfrac{1}{2}x\right)^6 + C$; (3) $\dfrac{1}{4}e^{4x} + C$;

(4) $-\dfrac{1}{2}\ln|3 - 2x| + C$; (5) $\dfrac{1}{9}(1+x^3)^3 + C$; (6) $\ln|x| + \dfrac{(\ln x)^2}{2} + C$;

(7) $-\cos(e^x)+C$; (8) $\ln|\sin x|+C$; (9) $\ln(1+e^x)+C$;

(10) $\dfrac{1}{2}\cos^{-2}x+C$; (11) $-\dfrac{\cos 3x}{3}+C$; (12) $\dfrac{1}{6}\arctan\dfrac{3x}{2}+C$.

习题 4.3

(1) $\sqrt{2x}-\ln|1+\sqrt{2x}|+C$; (2) $2\sqrt{x}-2\arctan\sqrt{x}+C$;

(3) $\dfrac{2}{5}(x+1)^{\frac{5}{2}}-\dfrac{2}{3}(x+1)^{\frac{3}{2}}+C$; (4) $\ln|\sqrt{1+x^2}+x|+C$;

(5) $\dfrac{1}{\sqrt{3}}\arcsin(\sqrt{3}x)+C$; (6) $\ln|x+\sqrt{x^2-4}|+C$.

习题 4.4

1.(1) $\sin x-x\cos x+C$; (2) $x\cdot\ln|x-1|-x-\ln|x-1|+C$;

(3) $x\cdot\arcsin x+\sqrt{1-x^2}+C$; (4) $x\cdot\arctan x-\dfrac{1}{2}\ln(1+x^2)+C$;

(5) $\dfrac{1}{2}(e^x\sin x+e^x\cos x)^{\frac{3}{2}}+C$; (6) $x^2 e^2-2(xe^x-e^x)+C$.

2.(1)C;(2)B.

3.(1) $xe^{-x}+C$; (2) $-x^2 e^{-x}+C$; (3) $(x^2+x+1)e^{-x}+C$.

习题 4.5

(1)(2 * (x^3 + x^2)^(1/2) * (3 * x^2 + x − 2))/(15 * x);

(2)−(exp(2 * x) * (cos(x) − 2 * sin(x)))/5;

(3)2^(1/2) * atan((2^(1/2) * (x − 2)^(1/2))/2).

第 5 章

习题 5.1

1.(1)×;(2)×;(3)√;(4)√;(5)√;

2.(1)$\geqslant$,$\geqslant$;(2)2,$\dfrac{1}{2}\pi a^2$;(3)0;(4)$\displaystyle\int_1^2(x^2+1)\,\mathrm{d}x$;

(5)$\displaystyle\int_1^2 gt\,\mathrm{d}t$;(6)被积函数;积分区间.

3. (1)B;(2)A;(3)D;(4)A.

习题 5.2

1.(1) 0,$\sin x^2$; (2) $\cos x^2$,$-\sin x^2$; (3)$F(b)-F(a)$;(4)$\ln 2$,4; (5) $\dfrac{\pi}{6}$;0.

2.(1)C;(2)A;(3)D;(4)D;(5)B.

3.(1) $\dfrac{1}{3}$; (2) $\dfrac{119}{6}$; (3) $\dfrac{\pi}{4}+1$; (4) $\dfrac{2\pi}{3}$; (5) $\dfrac{1}{2}(\ln 5-\ln 2)$; (6) 1; (7) $\sqrt{2}$;

(8) $\dfrac{1}{2}(1-\ln 2)$; (9) 1; (10) $\dfrac{\pi}{4}-\dfrac{\sqrt{2}}{2}+1$.

4.利用定积分对区间的可加性得:$\displaystyle\int_0^3 f(x)\mathrm{d}x=\dfrac{2}{3}+\mathrm{e}^3-\mathrm{e}.$

习题 5.3

1.(1)$\dfrac{4\pi}{3},\dfrac{2\pi}{3}$；　(2)$\cos x,1,0$；　(3)$1+3x,4,-5$；　(4)$\sqrt{x},3,2.$

2.(1)$\dfrac{203}{4}$；　(2)$\dfrac{1}{3}\ln\dfrac{(3\mathrm{e}+2)}{2}$；　(3)$0$；　(4)$-2(\cos 2-\cos 1)$；　(5)$\dfrac{1}{2}\ln 2$；

(6)$\dfrac{\pi}{2}$；　(7)$\dfrac{\pi}{6}$；　(8)$2\left(1+\ln\dfrac{2}{3}\right)$；　(9)$\dfrac{22}{3}$；　(10)$\dfrac{5}{2}.$

3.(1)$1-\dfrac{2}{\mathrm{e}}$；　(2)$\dfrac{\pi}{4}-\dfrac{1}{2}$；　(3)$1$；　(4)$\dfrac{2}{5}(\mathrm{e}^{4\pi}-1)$；　(5)$\dfrac{1}{4}-\dfrac{3}{4\mathrm{e}^2}$；　(6)$2(\sqrt{2}-1)\mathrm{e}^{\sqrt{2}}+2.$

4.(1)$f(x)=\dfrac{x^2\sin x}{(x^4+3x^2-5)^2}$是奇函数，$0$；

　(2)$f(x)=x^4\sin x$是奇函数，0；

　(3)$f(x)=\ln\dfrac{1-x}{1+x}$是奇函数，0；

　(4)$f(x)=\mathrm{e}^{|x|}$是偶函数，$2(\mathrm{e}-1).$

习题 5.4

1.(1)0；(2)$p>1,p\leqslant 1$；(3)$q<1,q\geqslant 1$；(4)发散.

2.(1)C；(2)A；(3)D.

3.(1)发散；(2)发散；(3)π；(4)$\dfrac{1}{3}$；(5)1；(6)$\dfrac{\pi^2}{8}.$

4.1.

习题 5.5

1.$\dfrac{1}{6}$；2.$\dfrac{1}{2}(\mathrm{e}^2-3)$；3.$\dfrac{64}{3}$；4.$\dfrac{1}{3}$；5.$\dfrac{\pi}{2}$；6.$24\pi$；7.$1\,875\pi\times 10^3\times 9.8(\mathrm{J})$；

8.$11.76\times 10^5(\mathrm{N}).$

习题 5.6

(1)1；(2)$2*pi$；(3)2.

参 考 文 献

[1] 同济大学应用数学系.高等数学:上册[M].6版.北京:高等教育出版社,2010.

[2] 侯风波.高等数学[M].6版.北京:机械工业出版社,1997.

[3] 何闰丰.高等数学.上册[M].6版.长沙:湖南教育出版社,2008.